高等院校大数据应用型人才培养立体化资源"十四五"系列教材

Linux 系统管理与网络服务

杨业令　王海蓉　阳维国　赵静梅◎编著

中国铁道出版社有限公司
CHINA RAILWAY PUBLISHING HOUSE CO., LTD.

内容简介

本书针对高等院校大数据应用型人才培养目标编写，采用教、学、做相结合的模式，从实际的网络服务器应用选择和安排教学内容。全书共分七个项目，包括走进 Linux 系统管理、浅析 Linux 本地存储管理、浅析 Linux 系统高级管理、部署 Linux 网络服务、部署 Linux 时间服务、部署网站服务器、部署网络防火墙。

本书以理论为基础，着眼于应用，操作过程讲解详细，便于学生掌握实际技能，提升综合素养。

本书适合作为高等院校大数据技术相关专业教材，也可作为各类培训机构的培训教材及大数据技术爱好者的自学参考书。

图书在版编目（CIP）数据

Linux 系统管理与网络服务/杨业令等编著. —北京：
中国铁道出版社有限公司，2024.1
高等院校大数据应用型人才培养立体化资源"十四五"
系列教材
ISBN 978-7-113-30371-6

Ⅰ.①L… Ⅱ.①杨… Ⅲ.①Linux 操作系统-高等学校-教材 Ⅳ.①TP316.85

中国国家版本馆 CIP 数据核字（2023）第 125160 号

书　　名：	Linux 系统管理与网络服务
作　　者：	杨业令　王海蓉　阳维国　赵静梅

策　　划：	韩从付　张　彤	编辑部电话：	（010）51873202
责任编辑：	张　彤　彭立辉		
封面设计：	MX DESIGN STUDIO Q:1765628429		
责任校对：	刘　畅		
责任印制：	樊启鹏		

出版发行：中国铁道出版社有限公司（100054，北京市西城区右安门西街 8 号）
网　　址：http://www.tdpress.com/51eds
印　　刷：三河市燕山印刷有限公司
版　　次：2024 年 1 月第 1 版　2024 年 1 月第 1 次印刷
开　　本：787 mm×1 092 mm　1/16　印张：14.5　字数：337 千
书　　号：ISBN 978-7-113-30371-6
定　　价：49.80 元

版权所有　侵权必究

凡购买铁道版图书，如有印制质量问题，请与本社教材图书营销部联系调换。电话：（010）63550836
打击盗版举报电话：（010）63549461

前　言

党的二十大报告提出:"推动战略性新兴产业融合集群发展,构建新一代信息技术、人工智能、生物技术、新能源、新材料、高端装备、绿色环保等一批新的增长引擎。"

本书是"高等院校大数据应用型人才培养立体化资源'十四五'系列教材"之分册,由国信蓝桥教育科技股份有限公司与重庆工程学院合作开发,以培养学生的应用能力为主要目标,强调理论与实践相结合。通过校企双方优势资源的共同投入和促进,建立以产业需求为导向、以实践能力培养为重点、以产学结合为途径的专业培养模式,使学生既获得实际工作体验,又夯实基础知识,掌握实际技能,提升综合素养。本书注重实际应用,立足于应用型人才培养目标,结合应用型技术技能专业人才培养的核心目标编排内容,将教材知识点项目化,采用任务驱动的方式进行讲解,力求循序渐进、举一反三、简明易学,突出实践性,使抽象的理论具体化、形象化,使之真正贴合实际、面向工程应用。

本书具有以下特点:

(1)实用性。以项目为基础、以任务实战的方式安排内容;架构清晰、组织结构新颖,先让学生掌握课程整体知识内容的骨架,然后在不同项目中穿插实战任务;学习目标明确,实战性强,对学生培养效果好。

(2)校企融合。本书由一批具有丰富教学经验的高校教师和多年从事工程实践经验的企业工程师编写,既解决了高校教师教学经验丰富但工程经验少、编写教材时理论内容过多的问题,又解决了工程人员实战经验多却无法全面清晰阐述内容的问题。

(3)前瞻性。案例来自工程一线,案例新、实践性强。本书结合工程一线的真实案例编写了大量实训任务和工程案例演练环节,让学生掌握实际工作中所需要的各种技能,边做边学,在学校完成实践学习,提前具备岗位所需的职业技能素养。

本书既注重培养学生分析问题的能力,也注意培养学生思考、解决问题的能力,使学生真正做到学以致用。在本书的编写过程中,参考了相关教材及论著,并得到国信蓝桥教育科技股份有限公司领导的关心和支持,在此表示诚挚的谢意。

本书适合作为高等院校大数据技术相关专业教材,也可作为各类培训机构的培训教材及大数据技术爱好者的自学参考书。

由于时间仓促,编者水平有限,书中难免存在疏漏或不妥之处,敬请广大读者批评指正。

编　者

2023 年 2 月

Linux 系统管理
与网络服务

目 录

基础篇　Linux 系统服务

项目一　走进 Linux 系统管理 ······ 3
 任务一　走进 Linux ······ 3
 任务二　浅析 Linux 常用基础命令 ······ 17
 任务三　浅析 Linux 账户与权限操作 ······ 29
 ※思考与练习 ······ 40

项目二　浅析 Linux 本地存储管理 ······ 42
 任务一　浅析 Linux 文件系统 ······ 42
 任务二　浅析逻辑卷管理 ······ 53
 ※思考与练习 ······ 69

项目三　浅析 Linux 系统高级管理 ······ 70
 任务一　浅析网络配置 ······ 70
 任务二　浅析 RPM 与 YUM ······ 85
 任务三　浅析进程管理 ······ 96
 任务四　浅析服务器安全 ······ 111
 任务五　浅析 Shell 脚本编程 ······ 124
 ※思考与练习 ······ 136

实践篇　网络基础服务

项目四　部署 Linux 网络服务 ······ 141
 任务一　部署 DHCP 服务 ······ 141
 任务二　搭建 DNS 服务器 ······ 155
 ※思考与练习 ······ 164

项目五　部署 Linux 时间服务 ······ 166
 任务　部署 NTP 时间服务 ······ 166
 ※思考与练习 ······ 175

I

扩展篇 搭建 Linux 服务器

项目六 部署网站服务器 ·· 179
- 任务一 部署 Apache 服务 ··· 179
- 任务二 部署 LAMP 服务 ··· 187
- ※思考与练习 ··· 195

项目七 部署网络防火墙 ·· 198
- 任务 配置网络防火墙 ··· 198
- ※思考与练习 ··· 216

附录 A 缩略语 ·· 218
附录 B 思考与练习答案 ·· 220
参考文献 ·· 226

基础篇
Linux 系统服务

引言

Linux 是类 UNIX 操作系统,它的设计本身不是针对普通大众的,而是针对从事计算机的专业人员。虽然 Linux 相对 UNIX 对大众已经相对友好,但仍然不是普通人能够轻松掌握的操作系统,很多人对于 Linux 这种主要以命令行形式操作的系统非常不习惯。所以,Linux 的操作门槛仍然较高。

目前,很多想做运维的人员都选择 Linux 运维,也有很多相关的培训机构,网上的书籍视频也能很容易地找到。但是,真正想要深入高级的 Linux 运维却并非一件容易的事情。

运维需要的不是"天赋异禀",而是"经验丰富"。运维这一行需要的是一个"稳"字,一个好的运维人员应该是一个好的管家,其最好的状态是在保证一切正常的前提下"无所事事"。没有情况就是最好的情况,但人们通常无法决定是否会出问题,所以出现问题后第一时间找到解决方案并实施,是一个专业运维人员所需具备的。在这种大前提下,越是有大项目经验、能力越强,越容易控制住场面。而这种能力的成长与学习的环境息息相关,如果是在一个大公司,一个大项目就能带领你提升一个档次。想要精通运维,难的不是学习的能力,而是磨炼的机会。

本篇主要介绍相关理论知识,为后面进行实战打好基础。

学习目标

- 掌握 Linux 基础理论知识。
- 掌握 Linux 常用命令的使用。
- 具备配置 Linux 本地存储管理和系统管理的能力。

知识体系

项目一 走进 Linux 系统管理

任务一 走进 Linux

任务描述

了解 Linux 是什么，了解 Linux 的发展历史，掌握 Linux 各发行版本的特点以及 Linux 的应用领域，熟悉国产 Linux 系统。

任务目标

- 理解 Linux 各发行版本的区别。
- 掌握 Linux 系统的安装和基础配置。
- 了解获取 Linux 帮助资源的方法。

部署国产 Linux

任务实施

通过本任务的学习将了解 Linux 是一套由 Linus Benedict Torvalds（林纳斯·托瓦兹）在 1991 年开发的操作系统。

一、了解 Linux 的基础知识

（一）Linux 介绍

1946 年 2 月 14 日，世界上第一台电子数字积分计算机（ENIAC）诞生于宾夕法尼亚大学，其目的是计算新型火炮的弹道轨迹。

早期的计算机没有操作系统，科研人员通过各种按钮控制计算机，随后诞生了汇编语言，操作人员将纸带钻孔输入计算机进行编译并执行。

随着信息技术的快速发展，1969 年开始有了 UNIX 操作系统（operating system，OS）。操作系统能够有效地管理和控制硬件资源的分配，提供计算机运行所需要的功能。同时，为了使工程师更容易进行系统开发，通常会设计一套系统调用接口对外开放。图 1-1-1 所示为操作系统层级结构。

受 Minix(一种基于微内核架构的类 Unix 操作系统)和 UNIX 思想的启发,1991 年还在赫尔辛基大学读书的 Linus Benedict Torvalds 开发了 Linux 操作系统。Linux 操作系统由 Linux Kernel(内核)、Linux Shell(外壳)、文件系统和用户应用程序组成,内核、Shell 和文件系统一起构成了 Linux 操作系统的基本结构,如图 1-1-2 所示。

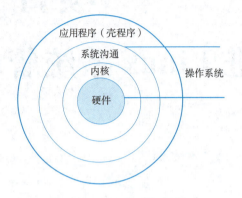

图 1-1-1　操作系统层级结构　　　图 1-1-2　Linux 操作系统组成及结构

(1)Linux Kernel:Linux 内核,实现操作系统的基本功能,负责管理系统的进程、内存、设备驱动程序、文件和网络系统,决定着系统的性能和稳定性。主要由内存管理、进程管理、设备驱动程序、文件系统和网络管理等部分组成。

(2)Linux Shell:Linux 操作系统的用户界面,提供了一种用户与内核进行交互操作的接口。

(3)Linux 文件系统:同 UNIX 操作系统类似,Linux 操作系统将独立的文件系统组合成了一个层次化的树状结构,并且由一个单独的实体代表这一文件系统。

(二)Linux 发展历史

1991 年初,芬兰大学生林纳斯·托瓦兹在 386SX 兼容微机上学习 Minix 操作系统,同年 4 月开始酝酿开发自己的操作系统。

1991 年 10 月,在 GPL 条例下的第一个 Linux 公开版 0.02 诞生。

1994 年 3 月,发布 Linux 1.0,Linux 的 Logo 取自芬兰的吉祥物"企鹅"。

1995 年 1 月,Bob Young 创办了 RedHat(小红帽),Linux 发行版 RedHat Linux 走向市场。

1996 年 6 月,发布 Linux 2.0 内核,Linux 进入实用阶段。

1998 年 2 月,Open Source Intiative(开放源代码促进会)成立,一场历史性的 Linux 产业化运动在互联网世界展开。

2001 年 1 月,Linux 2.4 版内核发布。

2003 年 12 月,Linux 2.6 版内核发布。

2016 年 12 月,Linux 4.9 版内核发布。

2021 年 10 月,Linux 5.15 版内核发布。

(三)Linux 的特点

Linux 系统的优秀源自 Linux 哲学思想,哲学思想对工科学生来说尤为重要。

(1)一切皆文件：在 Linux 的世界里，一切都是文件（包括各种硬件设备），有了这个抽象层，可以轻松地操作各种硬件设备。

(2)一个程序只做好一件事：一个程序只做一件事，程序之间分工明确，相互协同，通过小程序的组合完成复杂的任务。

(3)尽量避免跟用户交互：使用命令行接口执行效率更高，易于以编程的方式实现自动化任务。

(4)使用文本文件保存配置信息：文本文件更易于阅读和编辑。

(5)提供机制而非策略：提供实现某个功能需要的原语操作和结构，而不是某个功能的具体实现。

抽象思维教会了人们通过具体的事项来把握问题的本质，正因为有了优秀的哲学思想和设计思想的引导，才诞生了如此优秀的系统。

Linux 操作系统具有以下特点：

(1)开放性：系统遵循世界标准规范，特别是遵循 OSI（open system interconnection reference model，开放系统互连参考模型）国际标准。

(2)多用户：系统资源可以被多个用户同时使用，每个用户对自己的资源有特定的权限，相互不受影响。

(3)多任务：同时执行多个任务，而各个任务的运行互相独立。

(4)良好的用户界面：向用户提供了多种用户界面和系统调用。

(5)设备独立性：具有设备独立性的操作系统，其内核具有高度适应能力。

(6)丰富的网络功能：完善的内置网络。

(7)可靠的安全系统：采取了许多安全技术措施，包括读/写控制、带保护的子系统、审计跟踪、核心授权等，为系统提供了必要的安全保障。

(8)良好的可移植性：能够在从微型计算机到大型计算机的任何环境、任何平台上运行。

(9)支持多文件系统：支持不同的文件系统以挂载形式连接到本地主机，包括本地文件系统和网络共享存储。

(四)Linux 的版本

1. Linux 内核版本

Linux 内核版本号由 3 组数字组成，例如：

```
3.6.18-92.el7.x86_64
主版本.次版本.释放版本-修改版本
```

一般来说，可以从 Linux 内核版本号来判断系统是稳定版还是测试版。这里针对上面的例子进行详细说明。

(1)主版本号，本例是 3。

(2)次版本号，本例是 6。

数字是偶数表明这是一个可以使用的稳定版本；数字是奇数表明这是一个不稳定可能存在

BUG的测试版本。稳定版本来源于上一个测试版升级版本号,而一个稳定版本发展到完全成熟后就不再发展。

(3)释放版本,本例是18。在主、次版本不变的情况下,新增的功能积累到一定的程度后所释放出的内核版本。

(4)修改版本,本例是92。由于Linux内核是使用GPL(general public license,通用公共许可证)的授权,因此人们都能够进行内核程序代码的修改。如果针对某个版本的内核修改过部分程序代码,那么被修改过的新的内核版本就可以加上修改版本。

(5)RHEL,本例是el7。一般指企业Linux,只是相对来说,RHEL已经成了行业标准,所以一般EL就表示RHEL,此例表示RHEL 7.x版本。

(6)本机系统,本例是x86_64。x86_64是x86架构指令集的64位扩展。

2. Linux发行版本

没有应用软件的内核操作系统无法使用,因此许多公司或社团将内核、源代码及相关的应用程序组织构成一个完整的操作系统,让一般的用户可以简便地安装和使用Linux,这就是发行版本。Linux操作系统通常都是针对这些发行版本。各种发行版本有数十种,它们的发行版本号各不相同,使用的内核版本号也可能不一样。

Linux的发行版本可以大体分为两类:

(1)由商业公司维护的发行版本,如RedHat(REHL)、国产UOS系统等。

(2)由社区组织维护的发行版本,如Debian。

(五)Linux的应用领域

Linux内核非常小巧精致,可以在众多低电耗和低硬件资源的环境下执行;同时,Linux的发行版本还整合了许多优秀的软件套件,使得Linux操作系统无论在服务器还是终端都得到了广泛应用。特别是随着5G通信、云计算、大数据、物联网、工业互联网的广泛应用和普及,Linux系统的应用亦愈加广泛和普及。

1. 行业应用

Linux具有诸多优良特性,使得行业应用非常广泛:无论是云计算基础平台、"东数西算"国家级新型数据中心,还是小微企业网络服务器,都有Linux操作系统的深度应用。

智慧农业、智慧医疗、智慧交通、智慧教育、智慧安防各种应用,从智能终端到服务器集群都能看到Linux操作系统的影子。

2. 个人应用

随着Linux个人应用的推广和普及,特别是国产Linux操作系统的不断更新迭代,Linux个人应用逐渐普及。截至2023年4月,国产统信桌面操作系统已经兼容x86、ARM、MIPS、SW架构;支持七大国产CPU品牌:龙芯、申威、鲲鹏、麒麟、飞腾、海光、兆芯;与40多个国产桌面整机厂商达成合作;适配了180多款桌面类整机型号(笔记本计算机、台式计算机、一体机、平板计算机)。

(六)国产Linux

国产基础软件系统发展迅猛,各种版本相继推出。典型的桌面版本UOS已经可以满足个人用户日常使用,国产 Linux 系统在各个应用领域相继发力,生态圈日益壮大。

1. HarmonyOS

HarmonyOS(华为鸿蒙)是一款面向未来、面向全场景(移动办公、运动健康、社交通信、媒体娱乐等)的分布式操作系统。在传统的单设备系统能力的基础上,HarmonyOS 提出了基于同一套系统能力、适配多种终端形态的分布式理念,能够支持多种终端设备。

2. Deepin

2011 年,武汉深之度科技有限公司(简称深度科技)成立,专注于基于 Linux 的国产操作系统研发与服务。截至 2023 年 4 月,Deepin 应用商店已经囊括近 40 000 款应用,深度操作系统已通过了公安部安全操作系统认证、工业和信息化部国产操作系统适配认证,入围国家机关事务管理局中央集中采购名录,并在国内金融、运营商、教育等客户中得到了广泛应用。在全球开源操作系统排行榜上,深度操作系统是率先进入国际前十名的中国操作系统。

深度操作系统(Deepin)是一个致力于为全球用户提供美观易用、安全稳定服务的 Linux 发行版,同时也一直是排名最高的来自中国团队研发的 Linux 发行版。2023 年 2 月,发布 Deepin V23 Alpha 2 桌面版本。

3. UOS

2019 年,国内领先的操作系统厂家联合成立统信软件技术有限公司(简称统信软件),总部设立在北京。统信软件以"打造操作系统创新生态,给世界更好的选择"为愿景,专注于操作系统的研发与服务,发展和建设以中国技术为核心的创新生态,致力于为不同行业提供安全稳定、智能易用的产品与解决方案,力争在十年内成为全球主要的基础软件供应商。

目前,统信 UOS 有家庭版本和服务器版本,截至 2023 年 4 月,统信服务器操作系统已累计适配 36462 款商业和开源软件,涉及 2500 余家厂商。

4. Ubuntu Kylin

Ubuntu Kylin(优麒麟)操作系统是由麒麟软件有限公司主导开发的全球开源项目,适用于 X86、ARM、RISC-V 等主流架构的个人计算机、笔记本计算机和嵌入式设备,是一款通用桌面计算机操作系统。它致力于为全球用户带来更智能的用户体验,成为 Linux 开源桌面操作系统新的领航者。

5. 中兴新支点

中兴新支点桌面操作系统是国内最受欢迎的桌面操作系统之一,具有"自主、安全、可控、好用"等特点,具有对国产芯片的完整支持,目前被众多商业、政府及教育机构采用。

二、部署 Linux 操作系统

(一)准备安装

CentOS(community enterprise operating system,社区企业操作系统)是 Linux 发行版之一,免费、开源且可以重新分发。

鉴于企业服务器多采用运行稳定的 CentOS 7 系统,且 Linux 底层服务差异不大,这里

安装部署 CentOS

Linux 操作系统部署基于 CentOS 7 版本。

1. 获取安装镜像

从 CentOS 官方网站下载镜像文件，典型的 CentOS 7 镜像文件类型如下：

(1)CentOS-7.0-1511-x86_64-DVD.iso(标准安装版镜像文件)。

(2)CentOS-7.0-1511-x86_64-NetInstall.iso(网络安装镜像)。

(3)CentOS-7.0-1511-x86_64-Everything.iso(完整版安装盘的软件补充，集成所有软件的镜像)。

(4)CentOS-7.0-1511-x86_64-GnomeLive.iso(GNOME 桌面版镜像)。

(5)CentOS-7.0-1511-x86_64-KdeLive.iso(KDE 桌面版镜像)。

(6)CentOS-7.0-1511-x86_64-livecd.iso(可在光盘上运行的系统镜像)。

2. 选择安装方式

(1)本地安装和远程安装：

- 本地安装：安装程序要使用的镜像文件保存在 U 盘或本地硬盘的 ext2/3/4 分区或 vfat(FAT32)分区。

- 远程安装：安装程序要使用的镜像文件保存在网络服务器中，并以 HTTP/FTP/NFS 协议的服务器提供。

(2)手动安装和自动安装：

- 手动安装：在安装过程中逐一回答安装程序所提出的问题。

- 自动安装：以自动应答文件(Kick start 文件)自动回答安装程序所提出的问题。

3. 安装程序 Anaconda

Anaconda 是 RedHat、CentOS、Fedora 等 Linux 的安装管理程序，该程序的功能是把位于光盘镜像或其他源上的数据包，根据设置安装到主机上。

Anaconda 有三种工作模式：

(1)Update 模式：用于安装和更新。

(2)Kick start 模式：用于实现自动安装。

(3)Rescue 模式：用于修复无法引导的系统故障。

Anaconda 的几种访问界面：

(1)图形安装界面：默认界面。

(2)文本安装界面：通过 text 启用。

(3)VNC 安装界面：通过 vnc 启用。

Anaconda 安装程序引导方式有以下几种：

(1)光盘 ISO。

(2)CentOS-7-x86_64-Minimal-1511-01.iso。

(3)CentOS-7-x86_64-NetInstall-1511.iso。

(4)CentOS-7-x86_64-Everything-1511-01.iso。

(5)USB 设备。

项目一　走进 Linux 系统管理

（6）引导装载程序，比如 GRUB。

（7）网络（PXE）。

（二）开始安装

准备就绪，可以通过 USB、光盘镜像、网络（PXE）引导进入安装界面。同时，也可以基于虚拟化环境（如 VMware Workstation）来安装部署 Linux 系统。启动界面如图 1-1-3 所示，详细部署过程参见配套实训手册。

启动界面可以选择不同的操作模式，从上而下分别是：

（1）正常安装 CentOS 7 的流程。

（2）测试此光盘镜像后再进入 CentOS 7 的流程。

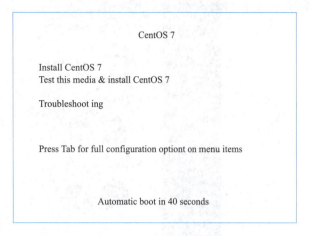

图 1-1-3　启动界面

（3）进入排错模式，选择此模式会出现更多的选项，分别是：

- 以基本图形接口安装 CentOS 7（使用标准显卡来设置安装流程图示）。
- 恢复 CentOS 系统，执行内存测试，由本机磁盘正常开机，不由光盘开机。

除非硬件系统有问题（如拥有比较特别的图形显示适配器等），使用正常安装 CentOS 7 的流程即可。如果担心安装光盘镜像有问题，可以选择测试光盘镜像后再进入 CentOS 7 安装程序。

进入安装流程的第一个界面就是选择安装过程中使用的语言，选好语言进入摘要页面，如图 1-1-4 所示。图 1-1-5、图 1-1-6 所示为安装信息摘要。

安装信息摘要页面中可以为 Linux 操作系统配置各种参数，见表 1-1-1。

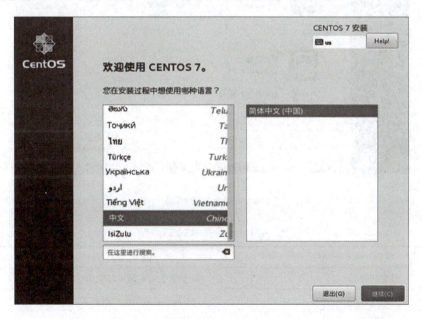

图 1-1-4　选择安装过程中使用的语言

图 1-1-5　安装信息摘要(一)

图 1-1-6　安装信息摘要(二)

表 1-1-1　Linux 系统配置参数

分　类	项　目	说　　明
本地化	日期和时间	配置安装后系统的日期和时间
	语言支持	配置安装后系统的语言支持
	键盘	配置安装后系统的键盘布局

续表

分类	项目	说明
软件	安装源	配置安装系统时使用的安装源
	软件选择	选择要安装的软件组件
系统	安装位置	选择要安装的硬盘并配置分区
	KDUMP	选择是否启用 KDUMP（系统崩溃导出内存文件）
	网络和主机名	配置安装后的系统主机名和网络参数

以上是系统安装的配置选项，可以进行修改。通常情况下，只用修改日期和时间、安装源、软件选择、安装位置选项。

可以直接选择时区位置，也可以从"地区""城市"下拉列表中选择对应的城市。日期与时间设置，可以在左下角和右下角处设置修改。虽然有网络时间同步功能，但是因为网络尚未设置好，所以网络时间无法正常开启。

安装源在准备工作阶段已经完成，无须再次调整，可直接选择软件，如图 1-1-7 所示。

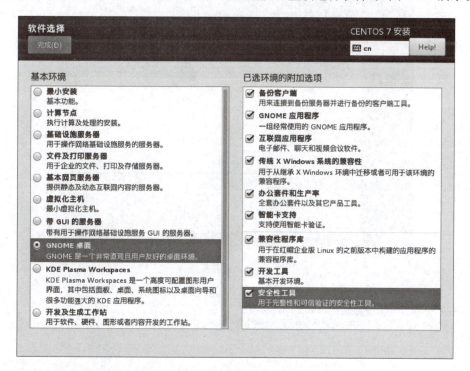

图 1-1-7　软件选择

默认为"最小安装"模式，这种模式只安装最简单的功能。如果要安装图形界面可以选择"GNOME 桌面"。安装位置选择自动分配，选中"自动配置分区"单选按钮，单击"完成"按钮。如图 1-1-8 所示。

单击"重启"按钮，等待系统重新启动，如图 1-1-9 所示。

重启完成后，进入操作系统，可登录 CentOS 7，如图 1-1-10 所示。

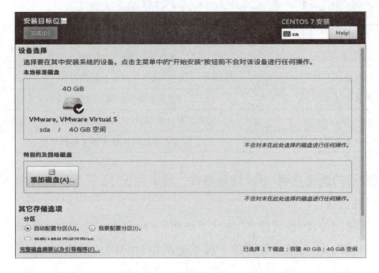

图 1-1-8　选择安装目标位置

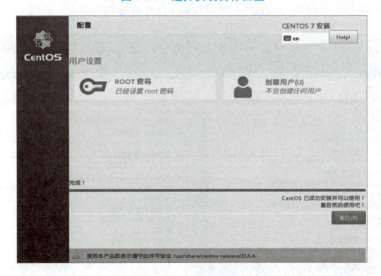

图 1-1-9　重启系统

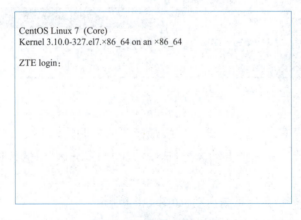

图 1-1-10　登录 CentOS 7

三、Linux 帮助资源

(一)获得命令帮助方法

获取 Linux 帮助资源

Linux 系统服务器版本多使用字符界面,命令参数较多,如何方便快捷地查阅命令帮助信息显得非常重要。典型获取命令帮助的方式见表 1-1-2。

表 1-1-2 获得命令帮助的方式

命　　令	说　　明	举　　例
help 内置命令	使用 help 命令查看指定的 shell 命令使用方法	help history
命令名--help	使用--help 查看指定的命令使用摘要和参数	ls--help
whatis 命令	使用 whatis 获得指定命令的简要功能描述	whatis ls
man 命令	查看指定命令的手册	man ls
info/pinfo 命令	查看指定命令的 GNU 项目文档	info ls
man -k	列出所有与关键字匹配的手册页	man -k selinux
apropos		apropos systemd

man 是 manual(手册)的缩写,使用 man 命令可以获取命令帮助。在输入命令遇到困难时,可以立刻得到这个文档。例如,如果使用 ps 命令时遇到困难,可以输入 man ps 得到帮助信息,会显示出 ps 的手册页。man 的配置文件/etc/man.config。

由于手册页 man page 是通过 less 程序来使用的(可以方便地使屏幕上翻和下翻),所以在 man page 中可以使用 less 的所有选项。在 less 中比较重要的功能键有:【q】退出;【Enter】一行行地下翻;【Space】一页页地下翻;【b】上翻一页;【/】后跟一个字符串和【Enter】来查找字符串;【n】发现上一次查找的下一个匹配。手册页 man page 在很少的空间里提供了很多的信息。大多数手册页中都有的部分,Linux 手册页主要有 9 个部分:

man1:用户命令(env、ls、echo、mkdir、tty)。

man2:系统调用或内核函数(link、sethostname、mkdir)。

man3:库程序(acosh、asctime、btree、locale、XML::Parser)。

man4:与设备有关的信息(isdn_audio、mouse、tty、zero)。

man5:文件格式描述(keymaps、motd、wvdial.conf)。

man6:游戏(注意很多游戏现在都是图形化的,除了手册页系统之外,还都有图形化的帮助信息)。

man7:其他(arp、boot、regex、unix utf8)。

man8:系统管理(debugfs、fdisk、fsck、mount、renice、rpm)。

man9:内核。

man 手册页文件存放在/usr/share/man 目录下,文件格式是".gz"压缩格式。命名规则是"手册名称.手册类型.gz"。

获取命令帮助举例:

```
[root@ ZTE ~]# man ls
LS(1)    User Commands    LS(1)
NAME
ls - list directory contents
SYNOPSIS
ls [OPTION]... [FILE]...
DESCRIPTION
List  information  about  the  FILEs (the current directory by default).  Sort
entries alphabetically if none of -cftuvSUX nor --sort is specified.
    Mandatory arguments to long options are mandatory for short options too
-a, --all
do not ignore entries starting with .
-A, --almost-all
       do not list implied . and ..
    --author
       with -l, print the author of each file
    -b, --escape
  Manual page ls(1) line 1 (press h for help or q to quit)...skipping...
LS(1)    User Commands    LS(1)
NAME
    ls - list directory contents
SYNOPSIS
    ls [OPTION]... [FILE]...
DESCRIPTION
    List  information  about  the  FILEs (the current directory by default).  Sort
    entries alphabetically if none of -cftuvSUX nor --sort is specified.
    Mandatory arguments to long options are mandatory for short options too.
    -a, --all
       do not ignore entries starting with .
    -A, --almost-all
       do not list implied . and ..
    --author
  with -l, print the author of each file
    -b, --escape
       print C-style escapes for nongraphic characters
    --block-size=SIZE
       scale sizes by SIZE before printing them; e.g., '--block-size= M' prints
       sizes in units of 1,048,576 bytes; see SIZE format below
    -B, --ignore-backups
       do not list implied entries ending with ~
    -c with -lt:  sort by, and show, ctime (time of last modification of file
       status information); with -l: show ctime and sort by  name;  otherwise:
       sort by ctime, newest first
  Manual page ls(1) line 1 (press h for help or q to quit)
```

命令帮助的输出语法如下：

(1)[]内的参数是可选的。

(2)大写的参数或 < > 中的参数是变量。

(3)"…"表示一个列表。

(4)x|y|z 表示 x 或 y 或 z。

(5)-abc 表示 -a -b -c 或其他任意组合。

(二)获取系统基本信息

作为一名 Linux 系统管理员，首要任务就是全面了解系统信息。因此，就会用到下面这些信息获取命令，见表 1-1-3。

系统基本信息

表 1-1-3　获取系统信息命令

类　　型	举　例　说　明
系统	♯ uname -a　　♯查看内核/操作系统/CPU 信息 ♯ head -n 1 /etc/issue　　♯查看操作系统版本 ♯ cat /proc/cpuinfo　　♯查看 CPU 信息 ♯ hostname　　♯查看计算机名 ♯ lspci -tv　　♯列出所有 PCI 设备 ♯ lsusb -tv　　♯列出所有 USB 设备 ♯ lsmod　　♯列出加载的内核模块 ♯ env　　♯查看环境变量
资源	♯ free -m　　♯查看内存使用量和交换区使用量 ♯ df -h　　♯查看各分区使用情况 ♯ du -sh <目录名>　　♯查看指定目录的大小 ♯ grep MemTotal /proc/meminfo　　♯查看内存总量 ♯ grep MemFree /proc/meminfo　　♯查看空闲内存量 ♯ uptime　　♯查看系统运行时间、用户数、负载 ♯ cat /proc/loadavg　　♯查看系统负载
磁盘和分区	♯ mount | column -t　　♯查看挂接的分区状态 ♯ fdisk -l　　♯查看所有分区 ♯ swapon -s　　♯查看所有交换分区 ♯ hdparm -i /dev/hda　　♯查看磁盘参数(适用于 IDE 设备) ♯ dmesg | grep IDE　　♯查看启动时 IDE 设备检测状况
网络	♯ ifconfig　　♯查看所有网络接口的属性 ♯ iptables -L　　♯查看防火墙设置 ♯ route -n　　♯查看路由表 ♯ netstat -lntp　　♯查看所有监听端口 ♯ netstat -antp　　♯查看所有已经建立的连接 ♯ netstat -s　　♯查看网络统计信息

续表

类　型	举例说明
进程	＃ ps -ef　＃查看所有进程 ＃ top　＃实时显示进程状态
用户	＃ w　＃查看活动用户 ＃ id <用户名>　＃查看指定用户信息 ＃ last　＃查看用户登录日志 ＃ cut -d：-f1 /etc/passwd　＃查看系统所有用户 ＃ cut -d：-f1 /etc/group　＃查看系统所有组 ＃ crontab -l　＃查看当前用户的计划任务
服务	＃ chkconfig --list　＃列出所有系统服务 ＃ chkconfig --list | grep on　＃列出所有启动的系统服务
程序	＃ rpm -qa　＃查看所有安装的软件包

大开眼界

Dmidecode 软件可以在 Linux 操作系统下获取硬件信息。Dmidecode 遵循 SMBIOS/DMI 标准，其输出的信息包括 BIOS、系统、主板、处理器、内存、缓存等。DMI（desktope management interface）就是帮助收集计算机系统信息的管理系统，DMI 信息的收集必须在严格遵照 SMBIOS 规范的前提下进行。SMBIOS（system management BIOS）是主板或系统制造者以标准格式显示产品管理信息所需遵循的统一规范。SMBIOS 和 DMI 是由行业指导机构 Desktop Management Task Force（DMTF）起草的开放性的技术标准，其中 DMI 设计适用于任何平台和操作系统。

DMI 充当了管理工具和系统层之间接口的角色。它建立了标准的可管理系统，更加方便了计算机厂商和用户对系统的了解。DMI 的主要组成部分是 management information format（MIF）数据库。这个数据库包括了所有有关计算机系统和配件的信息。通过 DMI，用户可以获取序列号、计算机厂商、串口信息以及其他系统配件信息。

任务小结

本任务学习了 Linux 的概念、特点、版本、帮助信息及其安装流程。Linux 发行版本非常多，应用领域包括个人、学术机构、政府单位、企业等。Linux 操作系统的安装比较方便，需要按照流程一步步进行。命令行界面操作时如有疑问，可以参考帮助信息。对于 Linux 基本知识的积累，能够为后续深入学习 Linux 系统管理和网络服务做好铺垫。

任务二　浅析 Linux 常用基础命令

任务描述

Linux 是以命令行为主的操作系统，掌握常用命令是学习 Linux 的第一步，本任务涉及在操作 Linux 操作系统时最常用也是最重要的命令，大家务必要熟练掌握。

任务目标

(1) 理解命令格式和通配符的用法。
(2) 了解常用基础命令。
(3) 了解 Linux 目录结构。
(4) 掌握 Linux 目录操作命令。
(5) 掌握 vim 的用法。
(6) 掌握打包和压缩命令。

任务实施

本任务涉及的 Linux 常用的基础命令，包括：Linux 命令格式、文件目录操作命令、vim 编辑器、打包压缩命令、网络管理命令、系统管理命令、信息显示命令。

一、掌握 Linux 命令格式

常见的 Linux 操作系统命令的格式如下：

命令名称　　[命令参数]　　[命令对象]

(1) 命令名称：Linux 命令的名称，通常是"动词"，表达想要做的事情，如查看进程、编辑文件等。
(2) 命令参数：参数可以用长格式（完整的选项名称），也可以用短格式（单个字母的缩写），分别用"--"与"-"作为前缀。
(3) 命令对象：通常指要操作的文件、目录、网络适配器等资源名称。

二、掌握文件目录操作命令

（一）Linux 操作系统目录结构

在 Linux 操作系统中，目录被组织成一个倒置的树状结构，文件系统从根目录开始，用"/"来表示。Linux 操作系统目录结构如图 1-2-1 所示。

文件目录操作

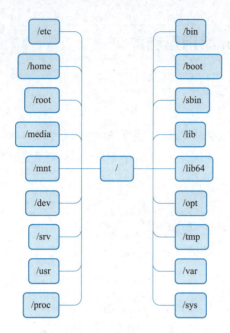

图 1-2-1　Linux 操作系统目录结构

/：根目录，Linux 文件系统目录结构的最顶层，通常根目录下只存放目录，不存放文件。

/bin：基本命令程序，系统启动会用到该目录中的程序。

/boot：引导文件、内核文件和引导加载器。

/sbin：管理类的基本命令，重要的命令通常处于 bin，不重要的则安装在 sbin。

/lib：存放系统在启动时依赖的基本共享库文件，内核模块文件，系统使用的函数库，脚本库文件。

/lib64：存放 64 位操作系统上的辅助共享库文件。

/etc：存放系统配置文件和子目录。

/home：普通用户主目录。

/root：系统管理员 root 的主目录。

/media：便携式移动设备挂载点目录。

/mnt：临时文件系统挂载点。

/dev：设备（device）文件目录，存放 Linux 操作系统下的设备文件。

/opt：第三方应用程序的安装位置。

/srv：服务启动之后需要访问的数据目录，存放系统中服务用到的数据。

/tmp：临时文件目录。

/usr：应用程序存放目录。

/var：存放系统中经常要发生变化的文件，如日志文件。

/proc：用于输出内核与进程信息相关的虚拟文件系统，目录中的数据都在内存中。

/sys：用于输出当前系统上硬件设备相关的虚拟文件系统。

/selinux：存放 selinux 相关的安全策略等信息。

图 1-2-2 所示为 CentOS 7 的系统目录结构。

```
[root@master /]# ls
bin     dev    home    lib64    mnt    proc    run    srv    tmp    var
boot    etc    lib     media    opt    root    sbin   sys    usr
```

图 1-2-2　CentOS 7 系统目录结构

(二) Linux 操作系统文件类型

Linux 操作系统中,使用命令查看文件,首字母会标记该文件的文件类型,如图 1-2-3 所示。

```
[root@master /]# ll
总用量 20
lrwxrwxrwx.    1 root root      7 3月  17 17:11 bin -> usr/bin
dr-xr-xr-x.    5 root root   4096 3月  17 17:17 boot
drwxr-xr-x.   20 root root   3200 3月  24 00:04 dev
drwxr-xr-x.   74 root root   8192 3月  24 00:33 etc
drwxr-xr-x.    3 root root     20 3月  17 17:16 home
lrwxrwxrwx.    1 root root      7 3月  17 17:11 lib -> usr/lib
lrwxrwxrwx.    1 root root      9 3月  17 17:11 lib64 -> usr/lib64
drwxr-xr-x.    2 root root      6 11月  5 2016 media
drwxr-xr-x.    2 root root      6 11月  5 2016 mnt
drwxr-xr-x.    4 root root     33 3月  24 00:15 opt
dr-xr-xr-x.  111 root root      0 3月  23 19:15 proc
dr-xr-x---.    4 root root    172 3月  24 05:43 root
drwxr-xr-x.   22 root root    640 3月  23 19:16 run
```

图 1-2-3　Linux 操作系统文件类型

Linux 操作系统中一般有以下几种文件类型:

—:普通文件;d:目录文件;b:块文件;c:字符文件;l:符号链接文件;p:管道文件;s:套接字文件。

(三) Linux 文件目录命令

Linux 常用文件和目录命令,见表 1-2-1。

表 1-2-1　Linux 常用文件和目录命令

命令	英文全称	功能描述
ls	list files	列出目录及文件名
cd	change directory	切换目录
pwd	print work directory	显示当前目录
mkdir	make directory	创建一个新的目录
rmdir	remove directory	删除一个空的目录
cp	copy file	复制目录或文件
rm	remove	删除文件或目录
mv	move file	移动文件或目录
echo	echo	字符串的输出
cat	concatenate	连接文件并打印到标准输出设备上

续表

命令	英文全称	功能描述
more	more	逐页显示文件内容
touch	touch	创建一个空文件
ln	link	为某一个文件在另外一个位置建立一个同步的链接
tree	tree	以树状图列出目录的内容

ls 命令的语法结构如下：

```
# ls [-aAdfFhilnrRSt]目录名称
# ls [--color={never,auto,always}]目录名称
# ls [--full-time]目录名称
```

选项与参数：

-a：列出全部文件，包括隐藏文件。

-d：仅列出目录本身，而不是目录内的文件。

-l：使用较长格式列出信息，包含文件的属性、权限等。

实例：ls 命令的使用如图 1-2-4 所示，显示/opt 目录下的全部信息。

```
[root@master opt]# ls -al
总用量 0
drwxr-xr-x.      4 root root      33 3月  24 00:15 .
dr-xr-xr-x.     17 root root     244 3月  17 17:46 ..
drwxr-xr-x      4 hadoop hadoop   65 3月  24 00:28 hadoop
drwxr-xr-x      2 root root      37 3月  24 00:14 tools
```

图 1-2-4　ls 命令的使用

cd 命令的语法结构如下：

```
# cd [相对路径或绝对路径]
```

在 Linux 中，确定文件位置，有绝对路径（absolute）与相对路径（relative）两种表示方法。绝对路径：以根目录（/）开始的文件名或目录名称，如/lib/sudo/sudo_noexec.so；相对路径：相对于目前路径的文件名写法，如 ./lib/sudo/ 或 ../lib/。

文件和目录操作案例，见表 1-2-2。

表 1-2-2　Linux 文件目录操作案例

文件目录操作案例	功能描述
cd	切换到当前用户的主目录
cd hadoop	进入 hadoop 目录
cd ..	返回当前目录的上一级目录
tree	显示当前目录下的目录结构

续表

文件目录操作案例	功 能 描 述
cp /opt/tools/*.gz .	将/opt/tools 目录下的 gz 压缩文件复制到当前目录
cp mapred-site.xml.template mapred-site.xml	将当前目录下的 mapred-site.xml.template 文件复制为 mapred-site.xml 文件
cp -r /opt/tools.	将/opt/tools 目录下的 gz 压缩文件复制到当前目录
mv mapred-site.xml.template mapred-site.xml	将当前目录下的 mapred-site.xml.template 文件移动为 mapred-site.xml 文件
touch 20220330.log	创建一个 20220330.log 的空文件
date >> 20220330.log	将当前系统时间写入 20220330.log 文件中
cat 20220330.log	查看 20220330.log 日志文件内容
more 20220330.log	分页显示 20220330.log 日志文件内容
rm -rf *.log	强制删除当前目录下的 .log 日志文件，无提示
rmdir log	删除空目录 log
ln mapred-site.xml mapred-conf	建立 mapred-site.xml 的链接文件 mapred-conf
ln -s mapred-site.xml mapred-conf-s	建立 mapred-site.xml 的符号链接文件 mapred-conf-s
find . -name '*.xml'	从当前目录下开始查找 xml 文件
find /opt -user 'hadoop'	从/opt 目录下开始查找用户属主为 hadoop 的文件

文件查看及排序操作案例，见表 1-2-3。

表 1-2-3 Linux 文件查看及排序操作案例

文件查看及排序操作案例	功 能 描 述
cat /etc/sysconfig/selinux	滚屏显示文件/etc/sysconfig/selinux 配置文件内容
more /etc/sysconfig/selinux	分屏显示文件/etc/sysconfig/selinux 的内容
more +5/etc/sysconfig/selinux	从第 5 行分屏显示文件/etc/sysconfig/selinux 的内容
less /etc/sysconfig/selinux	分屏显示文件/etc/sysconfig/selinux 的内容
head -5 /etc/sysconfig/selinux	显示文件/etc/sysconfig/selinux 前 5 行的内容
tail -5 /etc/sysconfig/selinux	显示文件/etc/sysconfig/selinux 后 5 行的内容
tail +5 /etc/sysconfig/selinux	显示文件/etc/sysconfig/selinux 从第 5 行到最后的内容
tail -f tail -f hadoop-master.log	跟踪显示不断增长的 hadoop-master.log 日志文件内容
wc notice.txt	统计 notice.txt 文本文件的行数、字数、字符数
wc -l notice.txt	统计指定文本文件的行数
sort notice.txt	以行为单位对文件 notice.txt 排序(以 ASCII 码顺序)
sort -u notice.txt	以行为单位对文件 notice.txt 排序(对相同的行只输出一行)
sort -r notice.txt	以行为单位对文件 notice.txt 排序(以 ASCII 码逆序)
sort -n notice.txt	以行为单位对文件 notice.txt 排序(根据字符串的数值进行排序)
diff ifcfg-ens33 ifcfg-ens33.bak	比较文件 ifcfg-ens33 和 ifcfg-ens33.bak 的差异

Linux 中最重要的三个命令 grep、sed 和 awk 在业界被称为 Linux 文本处理"三剑客"。

(1) grep(Global search Regular expression and Print out the line:全局搜索正则表达式并打印出行)文本搜索工具,根据用户指定的"模式"对目标文本逐行进行匹配检查,打印匹配到的行。

(2) sed 是一种流编辑器,一次处理一行内容。

(3) awk 是一种处理文本文件的语言,将文件作为记录序列处理。awk 程序是由一些处理特定模式的语句块构成。

Linux 文本处理案例,见表 1-2-4。

表 1-2-4　Linux 文本处理案例

文本处理操作案例	功　能　描　述
grep IPADDR ifcfg-ens33	在文件 ifcfg-ens33 中查找字符串 IPADDR
sed 's/enforcing/disabled/g' /etc/sysconfig/selinux	将/etc/sysconfig/selinux 中的所有 enforcing 替换成 disabled
sed 's/^[\t] * //' sys.ini	删除 sys.ini 中每一行前导的连续空白字符(空格,制表符)
sed 's/ * $//'　sys.ini	删除 sys.ini 中每行结尾的所有空格
sed 's/^/> /' sys.ini	在每一行开头加上一个尖括号和空格
sed 's/> //' sys.ini	将每一行开头处的尖括号和空格删除
sed 's/. * \ ///' sys.ini	删除路径前缀
sed '/^ $ /d' sys.ini	删除所有空白行
awk '{print NR}' sys.ini	打印当前行行号
awk -F\:'{print $1,$5}' /etc/passwd	以冒号为间隔符,列出/etc/passwd 的第一和第五列
awk '{print NF}' sys.ini	打印每一行最后一列

vim 编辑器

三、了解 vim 编辑器

所有的类 UNIX 操作系统都会内置 vi 文本编辑器,vim 是从 vi 发展出来的一个文本编辑器。代码补全、编译及错误跳转等方便编程的功能特别丰富,深受程序员喜爱。

从 vi 派生出来的 vim 有多种模式,这种独特的设计容易使初学者产生混淆。几乎所有的编辑器都会有插入和执行命令两种模式,并且大多数编辑器使用了与 vim 截然不同的方式:命令菜单(鼠标或者键盘驱动)、组合键(通常通过【Ctrl】键和【Alt】键组成)或者鼠标输入。vim 和 vi 一样,仅通过键盘在这些模式中切换,这就使得 vim 可以不用进行菜单或者鼠标操作,并且最小化组合键的操作。这对于文字录入员或者程序员可以大大提高速度和效率。

vim 具有六种基本模式和五种派生模式:

(一)vim 基本模式

1. 普通模式

在普通模式中,用户可以执行一般的编辑器命令,如移动光标、删除文本等,这也是 vim 启动后的默认模式,正好和许多新用户期待的操作方式相反(大多数编辑器默认模式为插入模式)。

vim 强大的编辑功能中很大部分来自其普通模式命令。普通模式命令往往需要一个操作符结尾。例如,普通模式命令"dd"删除当前行,但是第一个"d"的后面可以跟另外的移动命令来代替第二个"d"。例如,用移动到下一行的【j】键就可以删除当前行和下一行。另外,还可以指定命令重复次数,"2dd"(重复"dd"两次),和"dj"的效果是一样的。如果用户学会了各种各样的文本间移动/跳转的命令和其他的普通模式的编辑命令,并且能够灵活组合使用,就能够比那些没有模式的编辑器更加高效地进行文本编辑。

在普通模式中,有很多方法可以进入插入模式。比较普通的方式是按【A】(append/追加)键或者【I】(insert/插入)键。

2. 插入模式

在这个模式中,大多数按键都会向文本缓冲中插入文本。大多数新用户希望文本编辑器编辑过程中一直保持这个模式。在插入模式中,可以按【Esc】键回到普通模式。

3. 可视模式

这个模式与普通模式比较相似,但是移动命令会扩大高亮的文本区域。高亮区域可以是字符、行或者一块文本。当执行一个非移动命令时,命令会被执行到这块高亮的区域上。vim 的"文本对象"也能和移动命令一样用在这个模式中。

4. 选择模式

这个模式和无模式编辑器的行为比较相似(Windows 标准文本控件的方式)。在此模式中,可以用鼠标或者光标键高亮选择文本,如果输入任何字符,vim 就会用这个字符替换选择的高亮文本块,并且自动进入插入模式。

5. 命令行模式

在命令行模式中可以输入会被解释并执行的文本。例如,执行命令(【:】键)、搜索(【/】和【?】键)或者过滤命令(【!】键)。在命令执行之后,vim 返回到命令行模式之前的模式,通常是普通模式。

6. Ex 模式

这和命令行模式比较相似,在使用":visual"命令离开 Ex 模式前,可以一次执行多条命令。

(二)vim 派生模式

1. 操作符等待模式

派生模式指普通模式中,执行一个操作命令后 vim 等待一个"动作"来完成这个命令。vim 也支持在操作符等待模式中使用"文本对象"作为动作,包括 aw(一个单词,a word)、as(一个句子,a sentence)、ap(一个段落,a paragraph)等。

例如，在普通模式下 d2as 删除当前和下一个句子；在可视模式下 apU 把当前段落所有字母大写。

2．插入普通模式

这个模式是在插入模式下按下【Ctrl+O】组合键时进入。这时暂时进入普通模式，执行完一个命令之后，vim 返回插入模式。

3．插入可视模式

这个模式是在插入模式下按下【Ctrl+O】组合键并且开始一个可视选择的时候开始。在可视区域选择取消时，vim 返回插入模式。

4．插入选择模式

通常这个模式由插入模式下鼠标拖动或者按【Shift】加方向键来进入。当选择区域取消时，vim 返回插入模式。

5．替换模式

替换模式是一个特殊的插入模式，在此模式中可以做和插入模式一样的操作，但是每个输入的字符都会覆盖文本缓冲中已经存在的字符。在普通模式下按【R】键进入。

(三) 其他

Evim 是一个特殊的 GUI 模式，用来尽量表现得和"无模式"编辑器一样。编辑器自动进入并且停留在插入模式，用户只能通过菜单、鼠标和键盘控制键来对文本进行操作。可以在命令行下输入 evim 或者 vim -y 进入。

打包和压缩命令

四、掌握打包和压缩命令

(一) 打包和压缩

(1)打包(归档)：把多个文件组合到一个文件中。通过打包，把文件数目变少，便于管理和备份。

(2)压缩：利用算法将文件有损或无损地处理，以达到保留最多文件信息，而令文件体积变小。

(二) 打包压缩命令

常用的打包和压缩命令见表 1-2-5。

表 1-2-5　Linux 常用打包和压缩命令

命　　令	功　能　描　述
tar	文件、目录打包或解包
gzip	压缩(解压)文件或目录，扩展名为 .gz
compress	压缩(解压)文件或目录，扩展名为 .z
bzip2	压缩(解压)文件或目录，扩展名为 .bz2

(三)打包和压缩操作

Linux 环境下常用的打包和压缩命令操作,见表 1-2-6。

表 1-2-6 常用打包和压缩命令操作

命 令	说 明
tar -cvf hadoop.tar haoop	将 hadoop 目录打包
tar -tf hadoop.tar	查看 hadoop.tar 包中的内容
tar -xvf hadoop.tar	将 hadoop.tar 在当前目录下解包
tar -zcvf hadoop.tar.gz hadoop	将 hadoop 目录打包后压缩(gzip 工具)
tar -ztf hadoop.tar.gz	查看 hadoop.tar.gz 包中的内容
tar -zxvf hadoop.tar.gz	解压缩(调用 gzip)
tar -zcvf hadoop.tarZ mydir	将 hadoop 目录打包后压缩(compress 工具)
tar -Ztf hadoop.tar.Z	查看 hadoop.tar.Z 包中的内容
tar -Zxvf hadoop.tarZ	解压缩(compress 工具)
tar -jcvf hadoop.tar.bz2 mydir	将 hadoop 目录打包后压缩(bzip2 工具)
tar -jtf hadoop.tar.bz2	查看 hadoop.tar.bz2 包中的内容
tar -jxvf hadoop.tar.bz2	解压缩(调用 bzip2)

五、掌握网络管理命令

Linux 常用网络管理命令见表 1-2-7。

表 1-2-7 Linux 常用网络管理命令

系统管理命令类别	命 令	功 能 描 述
网卡配置命令	ip addr	显示网卡详细信息
路由配置命令	ip route	显示路由详细信息

六、掌握系统管理命令

Linux 常用系统管理命令见表 1-2-8。

管理 Linux 服务

表 1-2-8 Linux 常用系统管理命令

系统管理命令类别	命 令	功 能 描 述
账户管理	useradd	添加账户
	userdel	删除账户
	passwd	修改账户密码
用户组管理	groupadd	添加账户组
	groupdel	删除账户组

续表

系统管理命令类别	命令	功能描述
系统启停	shutdown	关闭系统
	reboot	重启系统
进程与会话管理	kill	杀死进程
	login	登录
	exit	退出
	logname	查看当前登录账户名称
	logout	登出
	su	切换账户
系统设置	date	系统日期与时间
	hostnamectl set-hostname	设置主机名
服务管理	systemctl status *.service	查看服务运行状态
	systemctl start *.service	启动服务
	systemctl stop *.service	停止服务
	systemctl restart *.service	重启服务

Linux 信息
显示命令

七、掌握信息显示命令

（一）文件信息显示命令

Linux 常用的文件信息显示命令见表 1-2-9。

表 1-2-9　Linux 常用文件信息显示命令

命令	功能描述
stat	显示指定文件的相关信息
file	显示指定文件的类型
whereis	查找系统文件所在路径

实例：使用 stat 命令显示 hadoop-2.7.6.tar.gz 压缩文件信息，如图 1-2-5 所示。

```
[root@master hadoop]# stat hadoop-2.7.6.tar.gz
  文件："hadoop-2.7.6.tar.gz"
  大小：216745683       块：423336       IO 块：4096    普通文件
设备：fd00h/64768d      Inode：603       硬链接：1
权限：(0644/-rw-r--r--)  Uid：( 1000/ hadoop)   Gid：( 1000/ hadoop)
最近访问：2022-03-24 00:28:01.176309368+0800
最近更改：2022-03-24 00:27:04.718312830+0800
最近改动：2022-03-24 02:49:44.884787866+0800
创建时间：-
```

图 1-2-5　显示压缩文件信息

(二)系统信息显示命令

Linux 操作系统中常用的系统信息显示命令见表 1-2-10。

表 1-2-10　Linux 操作系统中常用的系统信息显示命令

命　令	功　能　描　述
hostname	显示主机名称
uname	显示操作系统信息
dmesg	显示系统启动信息
lsmod	显示系统加载的内核模块
date	显示系统时间
env	显示系统环境变量
locale	显示当前语言环境
cat /etc/redhat-release	显示操作系统版本
cat /proc/cpuinfo	显示 CPU 信息
lspci/lsusb	显示 PCI/USB 借口信息
rpm -qa	显示系统已安装的所有软件包
yum list updates	显示 yum 软件仓库中可更新的包

实例:使用 uname 命令查看 Linux 操作系统内核版本,如图 1-2-6 所示。

```
[root@master ~]# uname -a
Linux master 3.10.0-693.el7.×86_64 #1 SMP T ue Aug 22 21:09:27 UTC 2017 ×86_64 ×86_64 ×86_64 GNU/Linux
[root@master ~]#
```

图 1-2-6　查看 Linux 操作系统内核信息

(三)资源信息显示命令

Linux 操作系统中常用的资源信息显示命令见表 1-2-11。

表 1-2-11　Linux 操作系统中常用的资源信息显示命令

命　令	功　能　描　述
lsblk	显示所有可用块设备的信息
fdisk -l	显示系统所有磁盘分区
du -h	显示指定文件已使用的磁盘空间的总量
df -h	显示文件系统磁盘空间的使用情况
uptime	显示系统运行时间、用户数、平均负载
top	显示当前系统中耗费资源最多的进程
free	显示当前内存和交换空间的使用情况
mount	查看已经挂载的分区
swapon -s	查看所有交换分区

实例：使用 lsblk 命令查看系统存储空间，如图 1-2-7 所示。

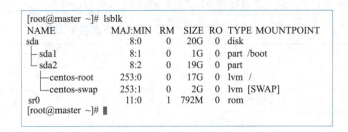

图 1-2-7　查看系统存储空间

(四) 进程信息显示命令

Linux 操作系统中常用的进程信息显示命令见表 1-2-12。

表 1-2-12　Linux 操作系统中常用的进程信息显示命令

命　　令	功　能　描　述
ps -ef	查看所有进程
pstree	显示进程树
chkconfig -list	列出所有系统服务

实例：使用 ps -ef 命令查看 sshd 系统进程，如图 1-2-8 所示。

```
[root@master ~]# ps -ef | grep sshd
root        856      1  0 3月23 ?        00:00:00 /usr/sbin/sshd  -D
root      13731    856  0 18:40 ?        00:00:00 sshd: root@pts/1
root      13733    856  0 18:40 ?        00:00:00 sshd: root@notty
root      13935    856  0 19:27 ?        00:00:00 sshd: root@pts/2
root      13937    856  0 19:27 ?        00:00:00 sshd: root@notty
root      13978    856  0 19:32 ?        00:00:00 sshd: root@pts/3
root      13982    856  0 19:32 ?        00:00:00 sshd: root@notty
root      14208    856  0 20:12 ?        00:00:00 sshd: root@pts/0
root      14210    856  0 20:12 ?        00:00:00 sshd: root@notty
root      14240  14212  0 20:13 pts/0    00:00:00 grep --color=auto sshd
```

图 1-2-8　查看系统进程

(五) 用户信息显示命令

Linux 操作系统中常用的用户信息显示命令如表 1-2-13。

表 1-2-13　Linux 操作系统中常用的用户信息显示命令

命　　令	功　能　描　述
who、w	显示在线登录的用户
whoami	显示用户自己的身份
tty	显示用户当前连接的终端
id	显示当前用户的 ID 信息
groups	显示当前用户所属组
last	查看用户登录日志
crontab -l	查看当前用户的计划任务

(六)网络信息显示命令

Linux 操作系统中常用的网络信息显示命令见表 1-2-14。

表 1-2-14　Linux 操作系统中常用的网络信息显示命令

命　令	功　能　描　述
ifconfig	显示网络接口信息
ip addr	查看网络 IP 地址
route	显示系统路由表
iptables -L	显示包过滤防火墙的规则设置
netstat	显示网络状态信息

大开眼界

命令 compgen -b 可以列出所有当前系统支持的命令。

任务小结

Linux 命令是对 Linux 操作系统进行管理的命令。对于 Linux 操作系统来说,无论是中央处理器、内存、磁盘驱动器、键盘、鼠标,还是用户等都是文件,Linux 系统管理的命令是它正常运行的核心,与之前的 DOS 命令类似。Linux 命令在系统中有两种类型:内置 Shell 命令和 Linux 命令。

任务三　浅析 Linux 账户与权限操作

任务描述

熟练掌握 Linux 账户的新建、赋权、删除;熟练掌握 Linux 权限管理;熟练掌握 ACL 权限配置。

任务目标

(1)理解 Linux 账户管理、密码管理。
(2)掌握 Linux 命令行工具的使用。
(3)掌握 ACL 权限配置。

任务实施

Linux 操作系统设计的初衷之一是为了满足多个用户同时登录系统,使用系统资源。Linux 系统中每个用户对应一个账户,系统用户分为普通用户和超级用户两类。除了用户之外,还有用户组(简称组),同一个用户可以同属于多个组。

本任务使用 Linux 系统命令对 Linux 账户、权限进行管理。

Linux 账户管理

一、账户管理

（一）Linux 账户

Linux 系统中每个用户对应一个账户，Linux 系统通过账户来标识每个用户的文件、进程和任务，为用户分配系统资源、配置运行环境，确保每个用户能够在安全、隔离的环境中运行。

Linux 系统下的账户包括用户账户和组账户两种。

用户账户有普通用户账户和超级用户账户，普通用户账户可以进行普通工作，超级用户账户（管理员账户）可以对整个系统进行管理。

组账户是用户的集合，系统可以对一个组账户中的所有用户进行集中管理。Red Hat Linux 系统中，组账户有标准组账户和私有组账户两类。

（二）Linux 账户系统文件

Linux 账户系统文件包括用户账户系统文件和组账户系统文件，共 4 个：/etc/passwd、/etc/shadow、/etc/group 和 /etc/gshadow。账户管理就是对 4 个账户系统文件进行管理，可以使用图形界面工具进行，也可以使用命令进行，还可以使用 Web 工具进行。Linux 账户系统文件见表 1-3-1。

表 1-3-1　Linux 账户系统文件

账户系统文件名称	功 能 描 述
/etc/passwd	用户账户系统文件
/etc/shadow	用户账户密码文件
/etc/group	组账户系统文件
/etc/gshadow	组账户密码文件

1./etc/passwd 系统文件

/etc/passwd 系统文件中保存用户的账户信息，通过命令 cat /etc/passwd 查看文件内容如下：

```
root:x:0:0:root:/root:/bin/bash
bin:x:1:1:bin:/bin:/sbin/nologin
daemon:x:2:2:daemon:/sbin:/sbin/nologin
adm:x:3:4:adm:/var/adm:/sbin/nologin
lp:x:4:7:lp:/var/spool/lpd:/sbin/nologin
sync:x:5:0:sync:/sbin:/bin/sync
shutdown:x:6:0:shutdown:/sbin:/sbin/shutdown
halt:x:7:0:halt:/sbin:/sbin/halt
mail:x:8:12:mail:/var/spool/mail:/sbin/nologin
operator:x:11:0:operator:/root:/sbin/nologin
games:x:12:100:games:/usr/games:/sbin/nologin
```

```
ftp:x:14:50:FTP User:/var/ftp:/sbin/nologin
nobody:x:99:99:Nobody:/:/sbin/nologin
systemd-network:x:192:192:systemd Network Management:/:/sbin/nologin
dbus:x:81:81:System message bus:/:/sbin/nologin
polkitd:x:999:997:User for polkitd:/:/sbin/nologin
postfix:x:89:89::/var/spool/postfix:/sbin/nologin
chrony:x:998:996::/var/lib/chrony:/sbin/nologin
sshd:x:74:74:Privilege-separated SSH:/var/empty/sshd:/sbin/nologin
hadoop:x:1000:1000:hadoop:/home/hadoop:/bin/bash
```

/etc/passwd 系统文件每一行存放一个账户信息，列与列之间以":"分隔，详细含义见表 1-3-2。

表 1-3-2 /etc/passwd 系统文件列信息含义

列 号	列 名 称	列信息含义
1	账户名称	登录系统使用的账户名称
2	账户密码	早期的 Linux 系统中，该列保存账户密码，后来将密码信息转存到/etc/shadown 中保存，该列以一个字母表示，x 表示该账户需要密码才可以登录，为空时，账户无须密码即可登录
3	账户 UID	User ID 简称 UID，指用户标识号，一般由一个整数表示。32 位无符号整数，Linux 规定 root 用户的 UID 为 0，而其他的一些虚拟用户如 bin、daermon 等被分配到一些比较小的 UID 号
4	账户 GID	Group ID 简称 GID，指账户组标识号，一般由一个整数表示
5	用户说明	存放对账户的描述信息如：用户全名
6	用户家目录	用户登录后首先进入的目录，一般为/home/用户名
7	命令解释器	指示该用户使用的 Shell 解释器，默认为 bash

2. /etc/shadow 系统文件

RHEL/CentOS 中账户密码信息默认被保存在/etc/shadow 文件中，通过命令 cat /etc/shadow 查看文件内容如下：

```
root:$6$ m0ISJvy4i6ahsaZ6 $ hvbBczfhcY/qhiUoMX/D7n0hOyksDEQx336ckad6Sgtg.krvkF186/33HqQhaKvM0.xIaRznK2fLUh4Z/OCNj0::0:99999:7:::
bin:* :17110:0:99999:7:::
daemon:* :17110:0:99999:7:::
adm:* :17110:0:99999:7:::
lp:* :17110:0:99999:7:::
sync:* :17110:0:99999:7:::
shutdown:* :17110:0:99999:7:::
-省略-
dbus:!!:19068::::::
polkitd:!!:19068::::::
postfix:!!:19068::::::
chrony:!!:19068::::::
sshd:!!:19068::::::
```

```
hadoop: $6 $deMMK6tw $ Lifqg63XIHy0D92YX1Ar6fKSYpxY5SPQn0q/Xzml1ZFSsVZcK10PtylVGrPCfsbpwA/
SIBqtuy52xGk.Qmzew.:19074:0:99999:7:::
```

/etc/shadow 系统文件的列信息含义，见表 1-3-3。

表 1-3-3 /etc/shadow 系统文件列信息含义

列 号	列 名 称	列信息含义
1	账户名称	用户的账户名称
2	账户密码	用户的加密账户密码
3	最后一次修改时间	整数，从 1970 年 1 月 1 日起，到用户最后一次更改密码的天数
4	最小时间间隔	整数，从 1970 年 1 月 1 日起，到用户可以更改密码的天数
5	最大时间间隔	整数，从 1970 年 1 月 1 日起，到用户必须更改密码的天数
6	密码需要变更前的警告天数	整数，在用户密码过期之前多少天提醒用户更新
7	密码过期后的宽限天数	整数，在用户密码过期之后到禁用账户的天数
8	账户失效时间	整数，从 1970 年 1 月 1 日起，到账户被禁用的天数
9	保留	保留字段，等待新功能的加入

普通账户密码丢失，可以通过 root 账户重置指定账户的密码。root 账户密码丢失，可以重新启动进入单用户模式，通过 root 权限的 bash 接口，用 passwd 命令修改账户密码；也可以通过挂载根目录，修改/etc/shadow，将账户的 root 密码清空登录。

3. /etc/group 系统文件

组账户信息保存在/etc/group 系统文件中，通过命令 cat /etc/group 查看文件内容如下：

```
root:x:0:
bin:x:1:
daemon:x:2:
sys:x:3:
adm:x:4:
tty:x:5:
--省略--
sshd:x:74:
hadoop:x:1000:hadoop
```

/etc/group 系统文件每行包括 4 列，以冒号隔开，列信息含义见表 1-3-4。

表 1-3-4 /etc/group 系统文件列信息含义

列 号	列名称	列信息含义
1	组账户名称	组账户名称
2	组账户密码	组账户密码，由于安全性原因，已不使用该字段保存密码，用"x"占位
3	GID	Group ID 简称 GID，指账户组标识号，一般由一个整数表示
4	组成员	属于这个组的成员，多个成员间用","分隔

4. /etc/gshadow 系统文件

组账户密码信息保存在/etc/gshadow 文件中，用于定义组账户密码、组管理员等信息，只有 root 用户可以读取，通过命令 cat /etc/gshadow 查看内容如下：

```
root:::
bin:::
daemon:::
sys:::
adm:::
tty:::
disk:::
lp:::
mem:::
kmem:::
wheel:::
--省略--
dbus:!::
polkitd:!::
postdrop:!::
postfix:!::
chrony:!::
sshd:!::
hadoop:!!::hadoop
```

/etc/gshadow 系统文件，每一行记录了一个组账户的信息。每行包括 4 个列，各列之间以冒号分隔。各列名称及列信息含义见表 1-3-5。

表 1-3-5 /etc/gshadow 系统文件列信息含义

列 号	列 名 称	列信息含义
1	组账户名称	组账户名称
2	组账户密码	组账户密码，该字段用于保存已加密的组账户密码
3	组管理员账户	组的管理员账号，管理员有添加、删除该组账户的权限
4	组成员	组成员，多个成员间用","分隔

（三）Linux 管理账户命令

Linux 常用的账户管理命令见表 1-3-6。

表 1-3-6 Linux 常用的账户管理命令

命令类别	命 令	功 能 描 述
用户账户管理命令	useradd	添加新的用户账户
	usermod	修改用户账户
	userdel	删除用户账户

续表

命令类别	命 令	功能描述
组账户管理命令	groupadd	添加新的组账户
	groupmod	修改组账户
	groupdel	删除组账户

账户管理命令应用如下：

```
# 创建用户账户 spark
[root@ master ~]# useradd spark
# 创建组账户 bigdata
[root@ master ~]# groupadd bigdata
# 创建一个新的用户账户 hive，将 hive 账户加入 bigdata 组
[root@ master ~]# useradd -G bigdata hive
# 创建用户账户 hbase，指定登录目录 /opt/hadoop
[root@ master ~]# useradd -d /opt/hadoop/ -M hbase
# 将 spark 用户账户添加到 bigdata 组账户
[root@ master ~]# usermod -G bigdata spark
# 删除 spark 用户账户
[root@ master ~]# userdel spark
# 删除 bigdata 组账户
[root@ master ~]# groupdel bigdata
```

（四）Linux 账户密码管理

Linux 操作系统可以使用 passwd 命令对用户账户进行密码管理。passwd 命令语法如下：

```
passwd [-k] [-l] [-u [-f]] [-d] [-e] [-n mindays] [-x maxdays] [-w warndays] [-i inactivedays]
[-S] [--stdin] [username]
```

passwd 命令常用的选项见表 1-3-7。

表 1-3-7　passwd 常用命令的选项

选 项	选项描述
-d	删除密码
-f	强迫用户下次登录时必须修改密码
-w	密码要到期提前警告的天数
-k	设置只有在密码过期失效后才能更新
-l	锁定用户账户
-u	解除已锁定的账户
-S	列出密码的状态信息
-x	指定密码最长存活期（天数）
-i	设置该账户密码过期前的天数

Linux 操作系统在输入密码时,屏幕不会回显。密码的设置要保证一定的复杂度,通常至少选取 6 个字符,大小写字母、数字和特殊字符混合使用,尽量不要选用生日、电话号码、英文单词作为密码,定期更换密码。

管理员账户(root)可以更改其他账户密码,普通账户只能设置自己的密码。

1. passwd 命令

创建了用户之后,还需要给用户设置密码,使用 passwd 命令管理密码如下:

```
# 1. 新建用户 spark,查看密码状态,设置密码
[root@ master opt]# passwd -S spark
spark LK 2022-04-08 0 99999 7 -1(密码已被锁定)
# 2. 用户 spark 使用 passwd 命令更改自己的密码
[spark@ master opt]$ passwd
更改用户 spark 的密码。
新的密码:
重新输入新的密码:
passwd:所有的身份验证令牌已经成功更新。
# 3. 超级用户可以使用如下命令进行用户密码管理
[root@ master opt]# passwd -S spark
spark PS 2022-04-08 0 99999 7 -1(密码已设置,使用 SHA512 算法)
[root@ master opt]# passwd -l spark
锁定用户 spark 的密码。
passwd:操作成功。
[root@ master opt]# passwd -S spark
spark LK 2022-04-08 0 99999 7 -1(密码已被锁定)
[root@ master opt]# passwd -u spark
解锁用户 spark 的密码。
passwd:操作成功。
[root@ master opt]# passwd -S spark
spark PS 2022-04-08 0 99999 7 -1(密码已设置,使用 SHA512 算法)
[root@ master opt]# passwd -d spark
清除用户的密码 spark。
passwd:操作成功。
[root@ master opt]# passwd -S spark
spark NP 2022-04-08 0 99999 7 -1(密码为空)
[root@ master opt]# passwd spark
更改用户 spark 的密码。
新的密码:
重新输入新的密码:
passwd:所有的身份验证令牌已经成功更新。
[root@ master opt]# passwd -S spark
spark PS 2022-04-08 0 99999 7 -1(密码已设置,使用 SHA512 算法)
```

2. chage 命令

密码时效意味着过了一段预先设置的时间后,用户会被提示创建一个新的密码。chage 命令用来设置用户的密码时效。

chage 命令的语法格式:

```
chage [<选项>] <用户登录名>
```

CentOS 7 chage 命令选项描述见表 1-3-8。

表 1-3-8　CentOS 7 chage 命令选项

参　　数	功　能　描　述
-d days	指定自从 1970 年 1 月 1 日起，口令被改变的天数
-E date	设置自 1970 年 1 月 1 日起不再访问用户账户的日期或天数。日期也可以用 YYYY-MM-DD 格式（或所在地区更常用的格式）表示。账户被锁定的用户必须联系系统管理员才能再次使用系统。设置－1 会移除账户的过期日期
-h	显示帮助信息并退出
-I days	设置账户锁定前密码过期后的不活动天数。账户被锁定的用户必须联系系统管理员才能使系统再次启动。设置－1 会移除账户禁用功能
-l	列出指定账户密码的时效信息
-M	设置密码有效的最大天数。当最大天数加上最后一天小于当前日期时，用户需要更改密码才能使用其账户
-m	密码更改之间的最小天数设置为 MIN_DAYS。此字段中的 0 值表示用户可以在任何时间更改其密码
-R	在 CHROOT_DIR 目录中应用更改，并使用 CHROOT_DIR 目录中的配置文件
-W	设置需要更改密码之前的警告天数。WARN_DAYS（警告天数）选项是警告之前的天数密码即将过期，用户将被警告其密码即将过期

下面给出几个使用 chage 命令的例子。

```
# 1. 使用户下次登录之后修改密码
#   chage -d 0 spark
# 2. 用户 spark 两天内不能更改密码，并且密码的存活期为 30 天，并在密码过期前 5 天通知 spark
#   chage -m 2 -M 30 -W 5 spark
# 3. 查看用户 spark 当前的密码时效信息
[root@ master opt]#   chage -l spark
最近一次密码修改时间                    :密码必须更改
密码过期时间                            :密码必须更改
密码失效时间                            :密码必须更改
账户过期时间                            :从不
两次改变密码之间相距的最小天数          :2
两次改变密码之间相距的最大天数          :30
在密码过期之前警告的天数                :5
```

二、权限管理

权限管理命令

Linux 操作系统允许多个用户同时登录和操作。Linux 操作系统通过用户标识号（UID）对用户进行标识，普通用户对系统资源的访问权限会受到限制，当 hadoop 用户要访问/root 目录时会提示权限不够。

项目一　走进 Linux 系统管理

```
[hadoop@ master opt]$ cd /root
bash: cd: /root:权限不够
```

（一）Linux 权限

Linux 操作系统中，系统资源的使用用户有：超级用户、文件（目录）的所有者、所有者的同组人和其他人员。超级用户（root）具有操作 Linux 系统的所有权限，其他用户都需要设置对文件（目录）的访问权限。Linux 系统文件和目录包括读、写和执行基本权限，见表 1-3-9。

表 1-3-9　Linux 系统文件读、写、执行基本权限

权限标识字符	权　　限	权　限　描　述
r	读权限	可以读文件的内容，列出目录中的文件列表
w	写权限	可以修改该文件，在目录中创建、删除文件
x	执行权限	可以执行该文件，使用 cd 命令进入目录

（二）文件和目录权限

Linux 系统中，为三类用户分配三种基本权限，共有九个基本权限。可以使用 ls -al 命令查看当前目录下子目录和文件（包含隐藏文件、隐藏目录）的权限：

```
[hadoop@ master opt]$ ls -al
总用量 0
drwxr-xr-x.   4 root     root     33 3月  24 00:15 .
dr-xr-xr-x.  17 root     root    244 3月  17 17:46 ..
drwxr-xr-x.   4 hadoop   hadoop   65 3月  24 00:28 hadoop
drwxr-xr-x.   2 root     root     67 3月  24 00:14 tools
```

ls -al 命令输出列表显示文件（目录）的信息，从左至右依次为：文件（目录）类型、文件（目录）权限、文件（目录）所属用户、文件（目录）所属组、文件（目录）大小及创建时间和文件名称。

第一个字符代表这个文件是目录、文件或链接文件等。见表 1-3-10 第一列第一个字符含义。

表 1-3-10　第一列第一个字符含义

第一个字符	含　　义
d	目录
l	文件
b	可供存储的接口设备（可随机存取设备）
c	串行端口设备，如键盘、鼠标（一次性读取设备）

其余几个字符分为三组，三个字符一组。标识：文件（目录）属主权限、文件（目录）所属组权限、其他用户的权限。每组中的三个栏位分别标识：读(r)、写(w)、执行(x)或没有权限(-)。

（三）chmod 权限命令

Linux 系统经常需要更改文件的权限。更改文件和目录操作权限可以使用 chmod 命令进行。

37

1. chmod 命令语法

chmod 命令是控制用户对文件的权限的命令,语法格式如下:

```
chmod [-cfvR] [--help] [--version] mode file...
```

2. chmod 符号模式

mode:权限设置符号字符串。格式如下:

```
[ugoa...][[+ -= ][rwxX]...][,...]
```

u 表示该文件(目录)的属主,g 表示与该文件(目录)的属主属于同一个组(group),o 表示其他用户,a 表示所有用户(all)。

＋表示增加权限、-表示取消权限、＝表示唯一设置权限。

r 表示可读取,w 表示可写入,x 表示可执行,X 表示只有当该文件是子目录或者该文件已经被设置过为可执行。

3. chmod 数字模式

mode 设置权限为八进制数字,格式如下:

```
chmod x1 x2 x3 <文件名或目录名>
```

x1:属主权限,x2 组用户权限,x3 其他用户权限,见表 1-3-11。

表 1-3-11 Linux 八进制权限

二 进 制	八 进 制	rwx	权　　限
000	0	---	无权限
001	1	--x	只执行
010	2	-w-	只写
011	3	-wx	写＋执行
100	4	r--	只读
101	5	r-x	读＋执行
110	6	rw-	读＋写
111	7	rwx	读＋写＋执行

4. chmod 命令案例

chmod 命令案例如下:

```
# 1. 显示 gz 压缩包文件的权限
[root@ master hadoop]#  ll * .gz
-rw-r--r-- 1 hadoop hadoop 216745683 3 月   24 00:27 hadoop-2.7.6.tar.gz
# 2. 给压缩包文件授权,属主:读写执行;同组用户:读执行;其他用户:执行
[root@ master hadoop]#  chmod 755 * .gz
[root@ master hadoop]#  ll * .gz
-rwxr-xr-x 1 hadoop hadoop 216745683 3 月   24 00:27 hadoop-2.7.6.tar.gz
# 2. 给压缩包文件授权,属主:读写;同组用户:无权限;其他用户:无权限
```

```
[root@ master hadoop]# chmod 600 *.gz
[root@ master hadoop]# chmod g-r  *.gz
[root@ master hadoop]# ll
总用量 211668
drwxr-xr-x 11 hadoop hadoop    172 3月  24 00:48 hadoop-2.7.6
-rw------- 1 hadoop hadoop 216745683 3月  24 00:27 hadoop-2.7.6.tar.gz
drwxr-xr-x  3 hadoop hadoop     60 3月  24 00:27 java
```

(四)chown 权限命令

Linux chown 是用于设置文件所有者和文件关联组的命令。语法如下：

```
chown [-cfhvR] [--help] [--version] user[:group] file...
```

命令参数及含义见表 1-3-12。

表 1-3-12 chown 命令参数

参　　数	含　　义
user	新的文件拥有者的使用者 ID
group	新的文件拥有者的使用者组(group)
-c	显示更改的部分信息
-f	忽略错误信息
-h	修复符号链接
-v	显示详细的处理信息
-R	处理指定目录以及其子目录下的所有文件
--help	帮助信息
--version	版本信息

chown 命令案例如下：

1. 将文件 hadoop-2.7.6.tar.gz 的属主和组都改成 hadoop
 # chown hadoop hadoop-2.7.6.tar.gz
2. 将文件 hadoop-2.7.6.tar.gz 的属主和组都改为 hadoop
 # chown hadoop:hadoop hadoop-2.7.6.tar.gz
3. 将 hadoop 目录及其子目录下的所存文件或目录的属主和组都改成 hadoop
 # chown -R hadoop:hadoop hadoop

大开眼界

Slackware 是目前全部 Linux 发行版本号时间最久的一个版本号，始于 1993 年的 Partick Volkerding。它有 UNIX/BSD 的风格，仅仅吸收经过测试且稳定的软件版本号。因为缺少其他发行版本号的配置工具和系统外壳，它要求用户必须掌握命令行的操作、编辑文本配置文件，对于一般接触 Linux 不久的用户上手较难。可是，一旦用户熟悉了命令行，用起来就会十分快速。该系统的长处是系统对硬件要求非常低，并且执行速度非常快；其缺点是支持的软件较少，要熟悉掌握它需要较长的时间。

任务小结

通过学习此任务,可熟悉 Linux 的常用命令和账户及权限操作两部分内容。前一部分,用户对 Linux 的目录结构有清晰的了解,对于用户了解 Linux 的底层和分区知识有很大帮助。然后,学习了 vim 编辑器、打包压缩、信息显示等命令,可使用户对 Linux 的命令模式有基础的把握。后一部分学习了账户与权限管理,加深了对于命令的练习,特别对于基础文件目录操作有一个初步认识。通过学习两部分,可熟悉 Linux 的命令模式以及账户基础操作,可为后续学习更复杂的功能命令做铺垫。

※思考与练习

一、填空题

1. 计算机主机是由一堆_____所组成的。
2. Linux 核心 1.0 发布时间为_____。
3. 在 Linux 系统中以_____方式访问设备。
4. 链接分为硬链接和_____。
5. 更改文件或目录的权限用_____命令。

二、判断题

1. Linux 的特点之一是它是一种开放、免费的操作系统。   (   )
2. 为匹配所有的空行,可以使用如下正则表达式^$。   (   )
3. 使用 uname -a 可显示内核的版本号。   (   )
4. Linux 下的账户系统文件主要有/etc/passwd、/etc/shadow、/etc/group 和/etc/gshadow 4 个文件。   (   )
5. 一般来说,具有偶数号的内核(例如 0、2、4 等)被认为是稳定的内核。   (   )

三、选择题

1. 关于 Linux 内核版本的说法以下错误的是(   )。

    A. 表示为主版本号．次版本号．修正号
    B. 1.2.3 表示稳定的发行版
    C. 1.3.3 表示稳定的发行版
    D. 2.2.5 表示对内核 2.2 的第 5 次修正

2. 自由软件的含义是(   )。

    A. 用户不需要付费   B. 软件可以自由修改和发布
    C. 只有软件作者才能向用户收费   D. 软件发行商不能向用户收费

3. 以下(   )是 Linux 内核的稳定版本。

    A. 2.5.24   B. 2.6.17   C. 1.7.18   D. 2.3.20

4. 为了保证系统的安全,现在的 LINUX 系统一般将/etc/passwd 密码文件加密后,保存在（　　）文件。

  A. /etc/group   B. /etc/netgroup

  C. /etc/libasafe.notify   D. /etc/shadow

5. （　　）目录存放用户密码信息。

  A. /boot   B. /etc   C. /var   D. /dev

四、简答题

1. Linux 操作系统由哪些部分组成?
2. Linux 操作系统的优点是什么?
3. 举例说出 Linux 的三个应用场景。
4. Linux 内核每部分的作用是什么?
5. 简述在虚拟机中安装 Red Hat Linux 9.0 的过程。
6. vi 编辑器有哪几种工作模式?
7. 什么是 vim 编辑器?
8. Linux 有哪几种基本的权限?
9. 什么是 Linux chown?
10. Linux 操作系统中系统资源的使用用户有哪些?

项目二

浅析 Linux 本地存储管理

任务一　浅析 Linux 文件系统

任务描述

作为 Linux 系统管理员，日常最常涉及的工作内容之一就是存储介质以及文件系统的相关配置，因此，深入了解系统是如何管理存储的是一种十分必要的能力。本任务旨在带领用户学习最重要的存储相关知识与技能。

任务目标

- 理解 Linux 文件系统。
- 了解硬盘的技术指标、接口方式。
- 了解本地存储管理的常用工具。

任务实施

本地存储管理的任务主要包括磁盘分区、逻辑卷、文件系统和一些常用管理工具的运用。硬盘分区常用的工具是 fdisk。文件系统规定了如何在存储设备上存储数据以及如何访问存储在设备上的数据。在磁盘分区或逻辑卷上创建了文件系统后，还需要把新建立的文件系统挂载到系统上才能使用。挂载是 Linux 文件系统中的概念，可将所有的文件系统挂载到统一的目录树中。

一、理解 Linux 文件系统

本地存储管理的任务主要包括磁盘分区、逻辑卷管理和文件系统管理，以及一些常用工具（如分区工具、逻辑卷管理工具、文件系统磁盘管理工具）。

（一）本地存储管理的任务和工具

本地存储管理的任务主要包括磁盘分区、逻辑卷管理和文件系统管理。表 2-1-1 中列出了磁盘分区常用工具。

磁盘分区管理

表 2-1-1 磁盘分区管理工具

磁盘分区管理工具	功能描述
fdisk	磁盘分区工具,仅支持 Master boot record(MBR),最大分区为 2 TB
gdisk	磁盘分区工具,仅支持 GUID Partition Table(GPT)
parted	磁盘分区工具,同时支持 MBR 和 GPT

逻辑卷管理工具见表 2-1-2。

交换区管理工具主要有 mkswap、swdpon、swapoflf,见表 2-1-3。

表 2-1-2 逻辑卷管理工具

逻辑卷管理工具	功能描述
lvm	逻辑卷管理工具(包括物理卷、卷组、逻辑卷的管理)

表 2-1-3 交换区管理工具

交换区管理工具	功能描述
mkswap	创建交换空间
swdpon	启用交换空间
swapoflf	禁用交换空间

RHEL/CentOS 7 存储管理工具见表 2-1-4。

表 2-1-4 RHEL/CentOS 7 存储管理工具

存储管理工具	功能描述
SSM	RHEL/CentOS 7 新提供的存储管理工具,SSM 集成多种存储技术(lvm、btrfs、加密卷等)通过单一命令可同时管理逻辑卷、文件系统

文件系统管理工具见表 2-1-5。

表 2-1-5 文件系统管理工具

文件系统管理工具	功能描述
mount	挂载文件系统
umount	卸载文件系统
mkfe.ext{2,3,4}	创建 ext2/ext3/ext4 类型的文件系统
mkfe.xfe	创建 xfe 类型的文件系统
feck.ext{2,3,4}	检查并修复 ext2/ext3/ext4 类型的文件系统
xfe repair	检查并修复 xfe 类型的文件系统
tune2fe	调整 ext2/ext3/ext4 类型的文件系统属性
admin	设置 xfe 类型的文件系统的参数
resize2fe	调整 ext2/ext3/ext4 类型的文件系统尺寸
xfe_growfe	扩展 xfe 类型的文件系统尺寸
feadm	检查 ext2/ext3/ext4/xfs 等类型的文件系统,调整 ext2/ext3/ext4/xfc 等类型的文件系统尺寸

(二)使用文件系统的一般方法

文件系统中保存了系统和用户的数据,文件系统在使用前需要先创建分区(逻辑卷),随后挂载到文件系统的目录树,被挂载的目录称为挂载点。

Linux 操作系统在安装时通常会创建文件系统和分区。系统在运行过程中,有时需要对现有的分区和逻辑卷进行管理。

Linux 操作系统中使用文件系统的方法和步骤如下:

(1)创建分区或逻辑卷。

(2)基于分区(逻辑卷)创建文件系统。

(3)自动(手动)挂载文件系统到相应目录,自动挂载文件系统时需要在文件/etc/fstab 中添加相应的配置,手动配置使用 mount 命令。

(4)使用 umount 命令卸载文件系统,或执行 eject 命令弹出光盘驱动器中的光盘。

(三)Linux 支持的文件系统

Linux 的内核采用了虚拟文件系统(virtual file system,VFS)技术,通过 VFS,可以为访问文件系统的系统调用提供一个统一的抽象接口。因此,Linux 系统可以支持多种不同的文件系统类型。

Linux 文件系统的所有细节由软件进行转换,因而从 Linux 的内核以及在 Linux 中运行的程序来看,所有类型的文件系统都没有差别。Linux 的 VFS 允许用户同时不受干扰地安装和使用多种不同类型的文件系统。

Linux 支持多种文件系统类型,见表 2-1-6。

表 2-1-6　Linux 文件系统类型

文件系统命令	功 能 描 述
ext2	第二代扩展文件系统,是 Linux 内核所用的文件系统,多个 Linux 发行版的默认文件系统
ext3	第三代扩展文件系统,是一个日志文件系统
ext4	第四代扩展文件系统,是 ext3 文件系统的后继版本
xfe	由 SGI 开发的一种日志文件系统,RHEL/CentOS 7 默认使用的文件系统
btrfe	BTRFS(Butter FS),支持可写的磁盘快照(Snapshots)、内建的磁盘阵列(RAID)和子卷(Subvolumes)等功能,目标是取代 Linux ext3 文件系统,改善 ext3 的限制
vfat	兼容 Windows(DOS)系统的 FAT 文件系统(包括 FAT12、FAT16 和 FAT32)
ntfs-3g	Windows 的 NTFS 系统
ISO9660	标准 CD-ROM 文件系统类型
swap	在 Linux 中作为交换分区使用,交换分区用于操作系统管理内存的交换空间

二、了解硬盘和硬盘分区

硬盘(hard disk drive,HDD,硬盘驱动器,简称硬盘)是计算机最重要的外存储设备,驱动器内有一个或者多个盘片,盘片外覆盖磁性材料,如图 2-1-1 所示。

图 2-1-1　计算机硬盘

(一)硬盘参数

硬盘的基本参数见表 2-1-7。

表 2-1-7　硬盘的基本参数

硬盘基本参数	参 数 描 述
主轴转速	转速的单位 r/min,指硬盘盘片在一分钟内所能完成的最大转数
硬盘容量	通常以 MB、GB、TB 为单位,1 TB=1 024 GB,1 GB=1 024 MB,硬盘容量越大,存储数据量越大。单盘容量越大,单位成本越低,平均访问时间越短
平均寻道时间	平均寻道时间,硬盘的磁头移动到盘面指定磁道所需的时间。平均寻道时间越短越好
平均访问时间	平均访问时间=平均寻道时间+平均等待时间,磁头从起始位置到达目标磁道位置,从目标磁道上找到要读/写的数据扇区所需的时间。平均访问时间越短越好
数据传输速率	单位为 MB/s,硬盘读/写数据的速度越快,数据传输速率越高
高速缓存	高速缓存是硬盘控制器上的一块内存芯片(临时寄存器),存取速度极快,为硬盘内部存储与外部接口之间的缓冲器

(二)硬盘接口

硬盘接口方式见表 2-1-8。

表 2-1-8　硬盘接口方式

硬 盘 接 口	参 数 描 述
PATA-5 (Ultra DMA 100)	传输速率为 100 MB/s,40 针 80 芯电缆,电缆最大长度 0.45 m,不支持热插拔
PATA-6 (UltraDMA 133)	传输速率为 133 MB/s,40 针 80 芯电缆,电缆最大长度 0.45 m,不支持热插拔
SATA Ⅰ	传输速率为 150 MB/s,7 针 4 芯电缆,电缆最大长度 1 m,支持热插拔
SATA Ⅱ	传输速率为 300 MB/s,7 针 4 芯电缆,电缆最大长度 1 m,支持热插拔
SATA Ⅲ	理论速率可达 6 Gbit/s,机械硬盘读取/写入速度(230/200) MB/s,支持热插拔

续表

硬 盘 接 口	参 数 描 述
Ultra 160 SCSI	传输速率为 160 MB/s,80 针电缆,电缆最大长度 12 m,支持热插拔
Ultra 320 SCSI	传输速率为 320 MB/s,80 针电缆,电缆最大长度 12 m,支持热插拔
SAS	传输速率为 300 MB/s,7 针 4 芯电缆,电缆最大长度 12 m,支持热插拔
FC-AL	传输速率为 400 MB/s,光纤,电缆最大长度 10 km,支持热插拔

(三)硬盘分区

(1)基本硬盘存储:在基本磁盘上存储数据需要在磁盘上创建主分区、扩展分区和逻辑分区,然后对这些分区进行管理。

(2)动态硬盘存储:在动态磁盘上存储数据需要在磁盘上创建动态卷,然后对这些卷进行管理。

Linux 环境下通常使用 fdisk 工具对磁盘进行分区。

fdisk 命令语法格式:

```
fdisk [必要参数][选择参数]
```

fdisk 参数说明见表 2-1-9。

表 2-1-9　fdisk 参数说明

必 要 参 数	说　　明	选 择 参 数	说　　明
-l	列出所有分区表	-s <分区编号>	指定分区
-u 与 -l 搭配使用	显示分区数目	-v	版本信息

fdisk 菜单操作命令见表 2-1-10。

表 2-1-10　fdisk 菜单操作命令

菜单操作命令	说　　明
m	显示菜单和帮助信息
a	活动分区标记/引导分区
d	删除分区
l	显示分区类型
n	新建分区
p	显示分区信息
q	退出不保存
t	设置分区号
v	进行分区检查
w	保存修改
x	扩展应用,高级功能

fdisk 分区操作案例如下：

```
# 对系统中的 sdb 硬盘进行分区
[root@ master ~]#  fdisk /dev/sdb
欢迎使用 fdisk (util-linux 2.23.2)。
更改将停留在内存中,直到您决定将更改写入磁盘。
使用写入命令前请三思。
Device does not contain a recognized partition table
使用磁盘标识符 0x154c2b05 创建新的 DOS 磁盘标签。
命令(输入 m 获取帮助):
# 创建新的分区
命令(输入 m 获取帮助):n
Partition type:
   p   primary (0 primary, 0 extended, 4 free)
   e   extended
# 创建主分区
Select (default p): p
# 指定分区编号
分区号 (1~4,默认 1):1
# 指定分区的起始扇区和结束扇区
起始 扇区 (2048~4194303,默认为 2048):
将使用默认值 2048
Last 扇区, + 扇区 or + size{K,M,G} (2048~4194303,默认为 4194303):
将使用默认值 4194303
分区 1 已设置为 Linux 类型,大小设为 2 GB
# 显示当前分区表
命令(输入 m 获取帮助):p
磁盘 /dev/sdb:2147 MB, 2147483648 字节,4194304 个扇区
Units=扇区 of 1 *  512=512 B
扇区大小(逻辑/物理):512 B / 512 B
I/O 大小(最小/最佳):512 B / 512 B
磁盘标签类型:dos
磁盘标识符:0x154c2b05
设备 Boot      Start         End      Blocks     Id  System
/dev/sdb1      2048      4194303     2096128     83  Linux
```

三、了解存储管理工具

Linux 设备接入系统后以文件形式存在于/dev 目录下,本地存储设备文件的名称如下：

```
SATA/SAS/USB/dev/sda; /dev/sdb           # s=SATA,d=DISK,a/b=第几块
IDE           /dev/hd0; /dev/hd1          # h=hard
VIRTIO-BLOCK/dev/vda;/dev/vdb             # v=virtio
M2(SSD)       /dev/nvme0;/dev/nvme1       # nvme=m2
SD/MMC/EMMC(卡)/dev/mmcblk0;/dev/mmcblk1  # mmcblk=mmc 卡
光驱          /dev/cdrom;/dev/sr0;/dev/sr1
```

设备查看命令工具如下：

```
fdisk -l                    #查看磁盘分区情况
lsblk                       #设备使用情况
blkid                       #设备管理方式及设备 ID
df                          #查看正在被系统挂载的设备
cat /proc/partitions        #查看系统识别设备
```

文件系统的挂载和卸载命令工具：

```
mount                       #挂载文件系统
umount                      #卸载文件系统
```

磁盘分区命令工具：

```
fdisk                       #磁盘分区
```

挂载和卸载
文件系统

四、挂载和卸载文件系统

（一）文件系统挂载

Linux 操作系统中，硬件设备也都是文件，这些设备各有自己的一套文件系统。mount 文件系统挂载命令语法：

```
mount [-hV]
mount -a [-fFnrsvw] [-t vfstype]
mount [-fnrsvw] [-o options [,…]] device | dir
mount [-fnrsvw] [-t vfstype] [-o options] device dir
```

Linux mount 命令参数见表 2-1-11。

表 2-1-11　Linux mount 命令参数

参　　数	说　　明
-V	显示程序版本
-h	显示辅助信息
-a	将 /etc/fstab 中定义的所有文件系统挂载
-F	此命令通常和-a 一起使用，在系统需要挂载大量 NFS 文件系统时可以加快挂载
-f	通常用在除错的用途。它会使 mount 并不执行实际挂载的动作，而是模拟整个挂载的过程。通常会和-v 一起使用
-n	一般而言，mount 在挂载后会在 /etc/mtab 中写入信息。可以用这个选项在不写入 /etc/mtab 的情况下挂载
-s-r	等于-o ro
-w	等于-o rw
-L	将含有特定标签的硬盘区割挂载
-U	挂载具有指定 UUID 的分区，-L 和 -U 必须在 /proc/partition 配置文件存在时才有意义
-t	指定文件系统的类型，如果不指定，mount 会自动选择正确的类型

续表

参　数	说　明
-o async	打开非同步模式,所有的文件读/写动作都会用非同步模式执行
-o sync	在同步模式下执行
-o atime、-o noatime	当 atime 打开时,系统会在每次读取文件时更新文件的"上一次调用时间"。当使用 flash 文件系统时可能会选择把这个选项关闭以减少写入的次数
-o auto、-o noauto	打开/关闭自动挂载模式
-o defaults	使用预设的选项 rw、suid、dev、exec、auto、nouser 和 async
-o dev、-o nodev、-o exec、-o noexec	允许执行文件被执行
-o suid、-o nosuid	允许执行文件在 root 权限下执行
-o user、-o nouser	使用者可以执行 mount/umount 的动作
-o remount	将一个已经挂载的文件系统重新用不同的方式挂载。例如,原先是只读的系统,现在用可读/写的模式重新挂载
-o ro	用只读模式挂载
-o rw	用可读写模式挂载
-o loop	使用 loop 模式将一个档案当成硬盘分区挂载

使用 mount 命令挂载案例:

```
//将/dev/sdb1 挂载到/mnt 下
# mount /dev/sdb1 /mnt
//将/dev/sdb1 用只读模式挂载到/mnt 下
# mount -o ro /dev/sdb1 /mnt
//将 /opt/tools/centos7.iso 光盘镜像文件使用 loop 模式挂载到/mnt/cdrom 下
# mount -o loop /opt/tools/centos7.iso /mnt/cdrom
```

手动挂载的文件系统在系统重启后不会自动挂载。可以通过修改系统挂载表/etc/fstab,来设置自动挂载。

/etc/fstab 配置文件包括系统启动所要挂载的文件系统、挂载点、文件系统类型等信息。例如:

```
Device        Mount point    Type      Options           dump    pass
LABEL= /      /              ext3      defaults          1       1
tmpfs         /dev/shm       tmpfs     defaults          0       0
devpts        /dev/pts       devpts    gid= 5,mode= 620  0       0
sysfs         /sys           sysfs     defaults          0       0
proc          /proc          proc      defaults          0       0
swap          defaults       0         0
```

例如,要在系统中挂载 ext3 格式的逻辑卷/dev/hadoop/hdfs,可以在/etc/fstab 文件中添加:

```
/dev/hadoop/hdfs    /hdfs    ext3 defaults    0    0
```

修改 /etc/fstab 文件后执行 mount 命令生效：

```
# mount -a
```

(二) 文件系统卸载

文件系统卸载使用 umount 命令，umount 命令的语法格式如下：

```
umount [-ahnrvV][-t <文件系统类型>][文件系统]
```

umount 命令的参数见表 2-1-12。

表 2-1-12 umount 命令参数

参数	说明
-a	卸载 /etc/mtab 中记录的所有文件系统
-h	显示帮助
-n	卸载时不要将信息存入 /etc/mtab 文件中
-r	若无法成功卸载，则尝试以只读的方式重新挂入文件系统
-t<文件系统类型>	仅卸载选项中所指定的文件系统
-v	执行时显示详细的信息
-V	显示版本信息
[文件系统]	除了直接指定文件系统外，也可以用设备名称或挂入点来表示文件系统

umount 命令使用案例如下：

```
//通过设备名卸载
# umount -v /dev/sdb1
/dev/sdb1 umounted
//通过挂载点卸载
# umount -v /mnt/cdrom/
/opt/tools/centos7.iso umounted
```

五、配置并查看磁盘限额

(一) 磁盘限额概述

多用户系统，需要对用户的磁盘使用空间进行限制，即磁盘限额（Quota）。

磁盘限额由 Linux 的内核支持。磁盘限额相关的命令：quota、quotacheck、edquota 和 quotaon。quota 命令用于显示磁盘已使用的空间与限制。

语法如下：

```
quota [-quvV][用户名称...] 或 quota [-gqvV][群组名称...]
```

quota 命令参数见表 2-1-13。

表 2-1-13 quota 命令参数

参数	说明
-g	列出群组的磁盘空间限制

续表

参　数	说　明
-q	简明列表，只列出超过限制的部分
-u	列出用户的磁盘空间限制
-v	显示该用户或群组，在所有挂入系统的存储设备的空间限制
-V	显示版本信息

quotacheck 命令用于检查磁盘的使用空间与限制。语法如下：

```
quotacheck [-adgRuv][文件系统...]
```

quotacheck 命令见表 2-1-14。

表 2-1-14　quotacheck 命令参数

参　数	说　明
-a	扫描在/etc/fstab 文件中，有加入 quota 设置的分区
-d	详细显示指令执行过程，便于排错或了解程序执行的情形
-g	扫描磁盘空间时，计算每个群组识别码所占用的目录和文件数目
-R	排除根目录所在的分区
-u	扫描磁盘空间时，计算每个用户识别码所占用的目录和文件数目
-v	显示指令执行过程

edquota 命令用于编辑用户或群组的磁盘配额。语法如下：

```
edquota [-p <源用户名称>][-ug][用户或群组名称...]
edquota [-ug] -t
```

edquota 命令参数见表 2-1-15。

表 2-1-15　edquota 命令参数

参　数	说　明
-u	设置用户的磁盘配额，这是预设的参数
-g	设置群组的磁盘配额
-p<源用户名称>	将源用户的磁盘配额设置套用至其他用户或群组
-t	设置宽限期限

quotaon 命令用于开启磁盘空间限制。语法如下：

```
quotaon [-aguv][文件系统...]
```

quotaon 命令参数见表 2-1-16。

表 2-1-16　quotaon 命令参数

参　数	说　明
-a	开启在/ect/fstab 文件中，有加入 quota 设置的分区的空间限制

续表

参数	说明
-g	开启群组的磁盘空间限制
-u	开启用户的磁盘空间限制
-v	显示指令执行过程

(二)配置磁盘限额

修改 /etc/fstab 配置文件,启用 quota 功能。下面将通过一个案例学习磁盘限额的配置。

添加一块 SCSI 硬盘,实现自动挂载。

编辑 /etc/fstab 文件,usrquota 设置用户配额,grpquota 设置组配额。

```
/dev/sdb1        /mnt/ICT        ext4        defaults,usrquota,grpquota    0   0
```

使用 mount 命令挂载。

```
mount /dev/sdb1 /mnt/ICT
```

使用 quotacheck 命令创建配额文件。

```
quotacheck -ugcv /dev/sdb1
```

创建 ICT 用户。

```
useradd ICT
```

使用 edquota 命令,为 ICT 用户设置配额。

```
edquota -u ICT
```

启用文件系统的配额功能。

```
quotaon -ugv /mnt/ICT
```

修改 ICT 用户权限。

```
chmod 777 /mnt/ICT
```

切换用户在 /mnt/daobin 中创建文件,验证磁盘配额限制是否生效。

```
su - ICT
cd /mnt/ICT
```

(三)查看磁盘限额

磁盘限额设置好后,可以使用 quota 命令查看指定用户或组的磁盘限额。

```
# quota -guvs        # 显示当前用户的磁盘限额
# quota -uvs ICT     # 显示 ICT 用户的磁盘限额
```

任务小结

本地存储管理的任务主要包括磁盘分区、逻辑卷管理和文件系统管理。硬盘的分区与格式化需要按照步骤操作。学会创建文件系统及挂载,学会配置磁盘限额。

任务二　浅析逻辑卷管理

任务描述

逻辑卷管理(Logical Volume Manager,LVM)视为"动态分区",这意味着用户可以在 Linux 操作系统运行时从命令行创建/调整/删除 LVM"分区"(在 LVM 中,称为"逻辑卷"):需要重新引导系统以使内核知道新创建或调整大小的分区。通过本任务的学习可了解系统是如何管理逻辑卷的,旨在带领读者学习最重要的逻辑卷相关知识与技能。

任务目标

- 了解 LVM。
- 熟悉逻辑卷的特点。
- 掌握 LVM 逻辑卷的操作及相关指令。

任务实施

对 PV、VG、LV 进行规划之后,再利用 mkfs 就可以将 LV 格式化为可以利用的文件系统。而且这个文件系统的容量在未来还能够进行扩充或减少,而且里面的数据还不会被影响。动态管理逻辑卷是逻辑卷管理的核心技能。

一、了解 LVM

假设有这样一种情况,当初规划主机时只分配给/home 50 GB 空间,等到用户众多之后导致这个 filesystem 不够大,此时该怎么办?多数人都是再加一块新硬盘,然后重新分区、格式化,将/home 的数据完整地复制过来,然后将原本的分区卸载重新挂载新的分区。

管理 Linux 逻辑卷(1)

此时可以采用更简单的方法来完成,那就是将要介绍的 LVM。LVM 的重点在于"可以弹性地调整 filesystem 的容量"而并非在于效能与数据保全上。LVM 可以整合多个实体分区在一起,让这些分区看起来就像一个磁盘一样。而且,还可以在未来新增或移除其他的实体 partition 到这个 LVM 管理的磁盘当中。如此一来,在整个磁盘空间的使用上就相当具有弹性。

(一)PV、PE、VG、LV 的意义

LVM 可以将几个实体的分区(或 Disk)通过软件组合成为一块看起来是独立的大磁盘 (VG),然后将这块大磁盘再经过分区成为可使用的分区槽(LV),最终就能够挂载使用。这些都与一个称为 PE 的项目有关。下面就针对这几个项目进行说明。

1. 物理卷(PV)

实际的分区(或 disk)需要调整系统标识符成为 8e(LVM 的标识符),然后再经过 pvcreate 指令将其转换成 LVM 最底层的物理卷,之后才能够将这些物理卷加以利用。调整系统标识符的方式就是通过 gdisk。

2. 卷组(VG)

所谓的 LVM 大磁盘就是将许多 PV 整合成 VG,所以 VG 就是 LVM 组合起来的大磁盘。这个大磁盘最大可以到多少容量与 PE 以及 LVM 的格式版本有关。在默认情况下,使用 32 位的 Linux 系统时,基本上 LV 最大仅能支持 65 534 个 PE,在默认的 PE 为 4 MB 的情况下,最大容量则仅能达到约 256 GB。不过,这个问题在 64 位的 Linux 操作系统上面已经不存在,LV 几乎没有容量限制。

3. 实体范围区块(PE)

PE 是整个 LVM 最小的存储区块,也就是说,文件资料都是通过写入 PE 来处理的。简单地说,这个 PE 类似于文件系统里面的块。所以调整 PE 会影响到 LVM 的最大容量。

4. 逻辑卷(LV)

最终的 VG 还会被切成 LV,这个 LV 就是最后可以被格式化使用的分区槽。LV 不能随意指定大小,既然 PE 是整个 LVM 的最小存储单位,那么 LV 的大小就与在此 LV 内的 PE 总数有关。为了方便用户利用 LVM 来管理系统,LV 的配置文件名通常指定为"/dev/vgname/lvname"的样式。

LVM 通过"交换 PE"来进行数据转换,将原本 LV 内的 PE 转移到其他配置中以降低 LV 容量,或将其他配置的 PE 加到此 LV 中以加大容量。VG、LV 与 PE 的关系类似于图 2-2-1 所示的 VG、LV、PE 关系图。

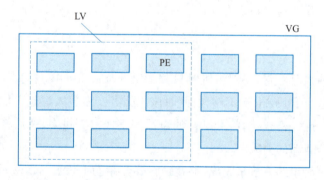

图 2-2-1　VG、LV、PE 关系图

在图 2-2-1 中,VG 内的 PE 会分给虚线部分的 LV,如果未来这个 VG 要扩充,加上其他的 PV 即可。而最重要的 LV 如果要扩充,也是通过加入 VG 内没有使用到的 PE 来扩充的。

(二)操作流程

PV、VG、LV 规划好之后,再利用 mkfs 就可以将 LV 格式化成为可以利用的文件系统。而且,这个文件系统的容量在未来还能够进行扩充或减少,且里面的数据不会被影响。各组件的实现流程如图 2-2-2 所示。

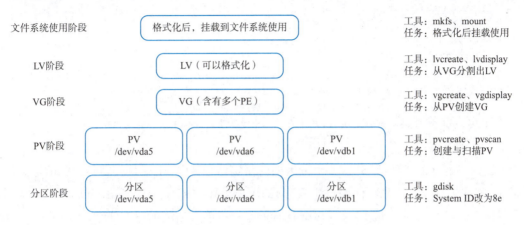

图 2-2-2　各组件的实现流程

如此一来,就可以利用 LV 来进行系统的挂载。依据写入机制的不同,有两种方式:

(1)线性模式(Linear):假如将/dev/vda1、/dev/vdb1 这两个分区加入 VG 中,并且整个 VG 只有一个 LV 时,所谓的线性模式就是当/dev/vda1 的容量用完之后,/dev/vdb1 的硬盘才会被使用到,这也是我们所建议的模式。

(2)交错模式(Triped):将一份数据拆成两部分,分别写入/dev/vda1 与/dev/vdb1,如此一来,一份数据用两块硬盘来写入,理论上读/写的性能会比较好。

LVM 最主要的用处是在实现一个可以弹性调整容量的文件系统上,而不是在建立一个性能为主的磁盘上,所以,我们应该利用的是 LVM 可以弹性管理整个分区大小的用途上,而不是着眼在性能上。因此,LVM 默认的读/写模式是线性模式。如果使用交错模式,要注意当任何一个分区损坏时,所有的数据都会被损毁,所以不是很适合使用这种模式。如果要强调性能与备份,直接使用 RAID 即可,不需要用到 LVM。

1. LVM 实现流程

LVM 必需要有核心支持且需要安装 lvm2 这个软件,现在 CentOS 与其他较新的发行版本已经默认将 LVM 的支持与软件都安装妥当。

这里实作的 LVM 如下:

(1)使用 4 个分区,每个分区的容量均为 1 GB 左右,且 system ID 需要为 8e。
(2)全部的分区整合成为一个 VG,VG 名称设置为 ztevg;且 PE 的大小为 16 MB。
(3)建立一个名为 ztelv 的 LV,容量大约 2 GB。
(4)最终这个 LV 格式化为 xfs 的文件系统,且挂载在/srv/lvm 中。

2. Disk 阶段(实际的磁盘)

范例:

```
[root@ study ~]# gdisk -l /dev/vda
Number Start (sector) End (sector) Size Code Name
```

```
1   2048    6143    2.0 MiB    EF02
2   6144    2103295 1024.0 MiB 0700
3   2103296 65026047 30.0 GiB  8E00
4   65026048 67123199 1024.0 MiB 8300 Linux filesystem
5   67123200 69220351 1024.0 MiB 8E00 Linux LVM
6   69220352 71317503 1024.0 MiB 8E00 Linux LVM
7   71317504 73414655 1024.0 MiB 8E00 Linux LVM
8   73414656 75511807 1024.0 MiB 8E00 Linux LVM
9   75511808 77608959 1024.0 MiB 8E00 Linux LVM
# 其实system ID不改变也没关系,只是为了让管理员清楚地知道该分区的内容
# 所以这里建议修订成正确的磁盘内容较佳
```

上面的/dev/vda{5,6,7,8}这4个分区槽就是实体分区槽,也就是会实际用到的信息。至于/dev/vda9则先保留下来不使用。注意,8e的出现会导致system变成Linux LVM。其实没有设置成8e也没有关系,不过某些LVM的侦测指令可能会侦测不到该分区。

3. PV阶段

要建立PV其实很简单,只要直接使用pvcreate即可。与PV有关的指令如下:

(1)pvcreate:将实体分区建立成为PV。
(2)pvscan:搜寻目前系统里任何具有PV的磁盘。
(3)pvdisplay:显示出目前系统中的PV状态。
(4)pvremove:将PV属性移除,让该分区不具有PV属性。

例如:

```
#1. 检查有无PV在系统上,然后将/dev/vda{5,6,7,8}建立成为PV格式
[root@ study ~]#  pvscan
PV /dev/vda3  VG centos  lvm2 [30.00 GiB / 14.00 GiB free]
Total: 1 [30.00 GiB] / in use: 1 [30.00 GiB] / in no VG: 0 [0 ]
#安装时就使用了LVM,所以会有/dev/vda3存在
[root@ study ~]#  pvcreate /dev/vda{5,6,7,8}
  Physical volume "/dev/vda5" successfully created
  Physical volume "/dev/vda6" successfully created
  Physical volume "/dev/vda7" successfully created
  Physical volume "/dev/vda8" successfully created
#这个指令建立了四个分区为PV,注意 pvcreate/dev/vda{5,6,7,8}的用途
[root@ study ~]#  pvscan
PV /dev/vda3  VG centos  lvm2 [30.00 GiB / 14.00 GiB free]
PV /dev/vda8            lvm2 [1.00 GiB]
PV /dev/vda5            lvm2 [1.00 GiB]
PV /dev/vda7            lvm2 [1.00 GiB]
PV /dev/vda6            lvm2 [1.00 GiB]
Total: 5 [34.00 GiB] / in use: 1 [30.00 GiB] / in no VG: 4 [4.00 GiB]
#分别显示每个PV的信息与系统所有PV的信息。尤其最后一行,显示的是:
#整体PV的量/已经被使用到VG的PV量/剩余的PV量
#2. 更详细地列出系统中每个PV的个别信息:
[root@ study ~]#  pvdisplay /dev/vda5
```

```
"/dev/vda5" is a new physical volume of "1.00 GiB"
--- NEW Physical volume ---
PV Name /dev/vda5     #实际的分区配置名称
VG Name               #因为尚未分配出去,所以空白
PV Size 1.00 GiB      #就是容量说明
Allocatable NO        #是否已被分配,结果是 NO
PE Size 0             #在此 PV 内的 PE 大小
Total PE 0            #共分区出几个 PE
Free PE 0             #没被 LV 用掉的 PE
Allocated PE 0        #尚可分配出去的 PE 数量
PV UUID Cb717z-lShq-6WXf-ewEj-qg0W-MieW-oAZTR6
# 由于 PE 是在建立 VG 时才给予的参数,因此在这里看到的 PV 里面的 PE 都会是 0
# 而且也没有多余的 PE 可供分配
```

4. VG 阶段

建立 VG 及 VG 相关的指令：

(1)vgcreate：建立 VG 的指令,参数比较多。

(2)vgscan：搜寻系统中是否有 VG 存在。

(3)vgdisplay：显示目前系统中的 VG 状态。

(4)vgextend：在 VG 内增加额外的 PV。

(5)vgreduce：在 VG 内移除 PV。

(6)vgchange：设置 VG 是否启动。

(7)vgremove：删除一个 VG。

与 PV 不同的是,VG 的名称是自定义的。PV 的名称其实就是分区的配置文件名,但是 VG 名称则可以自己随便取。在下面的例子中,将 VG 名称取名为 ztevg。建立这个 VG 的流程：

```
[root@ study ~]#  vgcreate [-s N[mgt]] VG 名称 PV 名称
```

其中-s 后面接 PE 的大小,单位可以是 m、g、t(大小写均可)。

例如：

```
#1.将/dev/vda5~7 建立成为一个卷组(VG),同时指定物理块(PE)为 16 MB
[root@ study ~]#  vgcreate -s 16M ztevg /dev/vda{5,6,7}
Volume group "ztevg" successfully created
[root@ study ~]#  vgscan
Reading all physical volumes. This may take a while...
Found volume group "ztevg" using metadata type lvm2     #手动创建的卷组
Found volume group "centos" using metadata type lvm2    #系统安装时创建的卷组
[root@ study ~]#  pvscan
PV /dev/vda5 VG ztevg lvm2 [1008.00 MiB / 1008.00 MiB free]
PV /dev/vda6 VG ztevg lvm2 [1008.00 MiB / 1008.00 MiB free]
PV /dev/vda7 VG ztevg lvm2 [1008.00 MiB / 1008.00 MiB free]
PV /dev/vda3 VG centos lvm2 [30.00 GiB / 14.00 GiB free]
PV /dev/vda8 lvm2 [1.00 GiB]
```

```
Total: 5 [33.95 GiB] / in use: 4 [32.95 GiB] / in no VG: 1 [1.00 GiB]
#三个物理卷已用,剩下一个/dev/vda8 的物理卷空闲
[root@ study ~]#  vgdisplay ztevg
--- Volume group ---
VG Name ztevg
System ID
Format lvm2
Metadata Areas 3
Metadata Sequence No 1
VG Access read/write
VG Status resizable
MAX LV 0
Cur LV 0
Open LV 0
Max PV 0
Cur PV 3
Act PV 3
VG Size 2.95 GiB                          #卷组总容量
PE Size 16.00 MiB                         #每个物理块的大小
Total PE 189                              #物理块总数
Alloc PE / Size 0 / 0
Free PE / Size 189 / 2.95 GiB             #尚可配置给逻辑卷的物理块数量和容量
VG UUID Rx7zdR-y2cY-HuIZ-Yd2s-odU8-AkTW-okk4Ea
#最后三行列示了能够使用的物理块的信息。这些物理块还未分配给逻辑卷,因此可以自由使用。如
果要增加卷组的容量,可以对卷组进行扩展
#2. 将剩余的物理卷(/dev/vda8)分配给 ztevg 卷组
[root@ study ~]#  vgextend ztevg /dev/vda8
Volume group "ztevg" successfully extended
[root@ study ~]#  vgdisplay ztevg
....(前面省略)....
VG Size 3.94 GiB
PE Size 16.00 MiB
Total PE 252
Alloc PE / Size 0 / 0
Free PE / Size 252 / 3.94 GiB
#这样就可以对整个卷组的空间进行管理
```

接下来为这个 ztevg 进行分区,通过 LV 功能来处理。

5. LV 阶段

创造出 VG 这个大磁盘之后,就可以建立分区,这个分区就是所谓的 LV。假设要将 ztevg 磁盘分区成为 ztelv,整个 VG 的容量都被分配到 ztelv 中。常用的指令如下:

(1)lvcreate:建立 LV。

(2)lvscan:查询系统中的 LV。

(3)lvdisplay:显示系统中的 LV 状态。

(4)lvextend:增加 LV 的容量。

(5)lvreduce:减少 LV 的容量。

(6)lvremove:删除一个 LV。

(7)lvresize:对 LV 进行容量大小的调整。

```
[root@ study ~]# lvcreate [-L N[mgt]] [-n LV 名称] VG 名称
[root@ study ~]# lvcreate [-l N] [-n LV 名称] VG 名称
```

选项与参数:

-L:后面接容量,容量的单位可以是 M、G、T 等。要注意的是,最小单位为 PE,因此这个数量必须要是 PE 的倍数,若不相符,系统会自行计算最相近的容量。

-l:后面可以接 PE 的"个数",而不是数量。若要这么做,需要自行计算 PE 数。

-n:后面接的就是 LV 的名称。

更多的说明可自行查阅 man lvcreate。

例如:

```
#1. 将 ztevg 分 2 GB 给 ztelv
[root@ study ~]# lvcreate -L 2G -n ztelv ztevg
Logical volume "ztelv" created
#由于本例中每个 PE 为 16 MB,如果要用 PE 的数量来处理,也可以使用下面的指令
#  lvcreate -l 128 -n ztelv ztevg
[root@ study ~]# lvscan
ACTIVE '/dev/ztevg/ztelv' [2.00 GiB] inherit <== 新增加的一个 LV
ACTIVE '/dev/centos/root' [10.00 GiB] inherit
ACTIVE '/dev/centos/home' [5.00 GiB] inherit
ACTIVE '/dev/centos/swap' [1.00 GiB] inherit
[root@ study ~]# lvdisplay /dev/ztevg/ztelv
--- Logical volume ---
LV Path /dev/ztevg/ztelv    #这是 LV 的全名
LV Name ztelv
VG Name ztevg
LV UUID QJJrTC-66sm-878Y-o2DC-nN37-2nFR-0BwMmn
LV Write Access read/write
LV Creation host, time study.centos.zte, 2015-07-28 02:22:49 + 0800
LV Status available
#  open 0
LV Size 2.00 GiB            #容量就是这么大
Current LE 128
Segments 3
Allocation inherit
Read ahead sectors auto
- currently set to 8192
Block device 253:3
```

如此一来,整个 LV 分区已准备好,接下来就针对这个 LV 来处理。需要注意的是,VG 的名称为 ztevg,但是 LV 的名称必须使用全名,即/dev/ztevg/ztelv。后续的处理都是这样的,这点初次接触 LVM 的人很容易出错。

6. 文件系统阶段

例如：

```
#1. 格式化、挂载与观察 LV
[root@ study ~]# mkfs.xfs /dev/ztevg/ztelv          #注意 LV 全名
[root@ study ~]# mkdir /srv/lvm
[root@ study ~]# mount /dev/ztevg/ztelv /srv/lvm
[root@ study ~]# df -Th /srv/lvm
Filesystem            Type Size Used Avail Use%  Mounted on
/dev/mapper/ztevg-ztelv xfs 2.0G 33M 2.0G 2%   /srv/lvm
[root@ study ~]# cp -a /etc /var/log /srv/lvm
[root@ study ~]# df -Th /srv/lvm
Filesystem            Type Size Used Avail Use%  Mounted on
/dev/mapper/ztevg-ztelv xfs 2.0G 152M 1.9G 8%   /srv/lvm   #确定是可用的
```

通过这样的功能，已经建置好一个 LV，用户可以自由地应用 /srv/lvm 中的所有资源。

二、增大 LVM 容量

管理 Linux 逻辑卷(2)

LVM 最大的特色就是弹性调整磁盘容量。放大文件系统时，需要以下流程：

（1）VG 阶段需要有剩余的容量：因为需要放大文件系统，所以需要放大 LV，但是若没有大的 VG 容量，更上层的 LV 与文件系统就无法放大。因此，要用各种方法来产生大的 VG 容量才行。一般来说，如果 VG 容量不足，最简单的方法就是再加硬盘，然后将该硬盘使用 pvcreate 及 vgextend 增加到 VG 内即可。

（2）LV 阶段产生更多的可用容量：如果 VG 的剩余容量足够，就可以利用 lvresize 指令将剩余容量加入所需要增加的 LV 配置内，过程相当简单。

（3）文件系统阶段的放大：Linux 实际使用的其实不是 LV，而是 LV 这个配置内的文件系统，所以一切最终还是要以文件系统为基础。目前在 Linux 环境下，测试过可以放大的文件系统有 XFS 及 EXT 家族，至于缩小仅有 EXT 家族，XFS 文件系统并不支持文件系统的容量缩小。XFS 放大文件系统通过简单的 xfs_growfs 指令即可。

其中最后一个步骤最重要。整个文件系统在最初格式化时就建立了 inode/block/superblock 等信息，要改变这些信息是很难的。不过因为文件系统格式化时建立的是多个块组，因此可以通过在文件系统中增加块组的方式来增减文件系统的量。而增减块组就是利用 xfs_growfs。所以，最后一步是针对文件系统来处理的，而前面几步则是针对 LVM 的实际容量大小。

因此，严格来说，放大文件系统并不是没有进行"格式化"。放大文件系统时，格式化的位置在于该配置后来新增的部分，配置的前面已经存在的文件系统则没有变化。而新增的格式化过的数据，再反馈回原本的超级块(superblock)。

假设想要针对/srv/lvm 再增加 500 MB 的容量，处置方法如下：

```
#1. 检查 ztevg
[root@ study ~]# vgdisplay ztevg
--- Volume group ---
```

```
VG Name ztevg
System ID
Format lvm2
Metadata Areas 4
Metadata Sequence No 3
VG Access read/write
VG Status resizable
MAX LV 0
Cur LV 1
Open LV 1
Max PV 0
Cur PV 4
Act PV 4
VG Size 3.94 GiB
PE Size 16.00 MiB
Total PE 252
Alloc PE / Size 128 / 2.00 GiB
Free PE / Size 124 / 1.94 GiB   #看起来剩余容量确实超过 500 MB
VG UUID Rx7zdR-y2cY-HuIZ-Yd2s-odU8-AkTW-okk4Ea
#2.放大 LV,利用 lvresize 的功能来增加
[root@ study ~]#  lvresize -L + 500M /dev/ztevg/ztelv
Rounding size to boundary between physical extents: 512.00 MiB
Size of logical volume ztevg/ztelv changed from 2.00 GiB (128 extents) to 2.50 GiB
(160 extents).
Logical volume ztelv successfully resized
#这样就增加了 LV。lvresize 的语法很简单,可通过-l 或-L 来增加
#若要增加,则使用+ ;若要减少,则使用-。详细的选项可参考 man lvresize
[root@ study ~]#  lvscan
ACTIVE '/dev/ztevg/ztelv' [2.50 GiB] inherit
ACTIVE '/dev/centos/root' [10.00 GiB] inherit
ACTIVE '/dev/centos/home' [5.00 GiB] inherit
ACTIVE '/dev/centos/swap' [1.00 GiB] inherit
#可以发现/dev/ztevg/ztelv 容量由 2 GB 增加到 2.5 GB。
[root@ study ~]#  df -Th /srv/lvm
Filesystem Type Size Used Avail Use%  Mounted on
/dev/mapper/ztevg-ztelv xfs 2.0G 111M 1.9G 6%  /srv/lvm
```

最终的结果中 LV 放大到 2.5 GB,但是文件系统却没有相对增加。而且,LVM 可以在线直接处理,并不需要特别给它卸载,但还是要处理一下文件系统的容量。开始观察一下文件系统,然后使用 xfs_growfs 来处理。

```
#先看一下原本文件系统内的 superblock 记录情况
[root@ study ~]#  xfs_info /srv/lvm
meta-data=/dev/mapper/ztevg-ztelv isize=256 agcount=4, agsize=131072 blks
=sectsz=512 attr=2, projid32bit=1
=crc=0 finobt=0
data=bsize=4096 blocks=524288, imaxpct=25
=sunit=0 swidth=0 blks
```

```
naming=version 2 bsize=4096 ascii-ci=0 ftype=0
log=internal bsize=4096 blocks=2560, version=2
=sectsz=512 sunit=0 blks, lazy-count=1
realtime=none extsz=4096 blocks=0, rtextents=0
[root@ study ~]# xfs_growfs /srv/lvm    # 这一步骤才是最重要的
[root@ study ~]# xfs_info /srv/lvm
meta-data=/dev/mapper/ztevg-ztelv isize=256 agcount=5, agsize=131072 blks
=sectsz=512 attr=2, projid32bit=1
=crc=0 finobt=0
data=bsize=4096 blocks=655360, imaxpct=25
=sunit=0 swidth=0 blks
naming=version 2 bsize=4096 ascii-ci=0 ftype=0
log=internal bsize=4096 blocks=2560, version=2
=sectsz=512 sunit=0 blks, lazy-count=1
realtime=none extsz=4096 blocks=0, rtextents=0
[root@ study ~]# df -Th /srv/lvm
Filesystem Type Size Used Avail Use%  Mounted on
/dev/mapper/ztevg-ztelv xfs 2.5G 111M 2.4G 5%  /srv/lvm
[root@ study ~]# ls -l /srv/lvm
drwxr-xr-x. 131 root root 8192 Jul 28 00:12 etc
drwxr-xr-x. 16 root root 4096 Jul 28 00:01 log
# 刚刚复制进去的数据还是存在的,并没有消失
```

在上面代码中,注意查看两次 xfs_info 的结果,会发现:

整个 block group(agcount)的数量增加一个。block group 就是记录新的配置容量的文件系统。

此时也会发现整体的 block 数量增加了,这样整个文件系统就被放大了。同时,使用 df 去查阅时,就会看到增加的量。文件系统的放大可以在 On-line 的环境下实践。

注意:目前的 XFS 文件系统中,并没有缩小文件系统容量的设计。也就是说,文件系统只能放大不能缩小。如果想要保持放大、缩小的功能,可以使用 EXT 家族的 EXT4 文件系统。

三、LVM 动态自动调整磁盘使用率

有个目录未来会使用大约 5 TB 的容量,但是目前的磁盘仅有 3 TB,接下来的两个月系统不会有超过 3 TB 的容量。不过,想要让用户知道,他最多有 5 TB 的容量可以使用。而且,在一个月内确实可以将系统提升到 5 TB 以上的容量,但不想在提升容量后才放大到 5 TB。这时,可以考虑"实际用多少才分配多少容量给 LV 的 LVM Thin Volume"功能。

另外,再想象一个环境,如果需要有三个 10 GB 的磁盘来进行某些测试,但环境仅有 5 GB 的剩余容量。在传统的 LVM 环境下,LV 的容量一开始就是分配好的,因此没有办法在这样的环境中产生出三个 10 GB 的配置。而且,那个 10 GB 的配置其实每个实际使用率都没有超过 10%,也就是总用量目前仅到 3 GB。但实际有 5 GB 的容量,为何不做出三个只用 1 GB 的 10 GB 配置? 这时还要用到 LVM Thin Volume。

LVM Thin Volume 的概念是:先建立一个可以实支实付、用多少容量才分配实际写入多少

容量的磁盘容量存储池(Thin Pool)，然后再由这个 Thin Pool 去产生一个"指定要固定容量大小的 LV 配置"，"此时会看到它的容量可能有 10 GB，但实际上，该配置用到多少容量时，才会从 Thin Pool 去实际取得所需要的容量"。如同上面的环境所述，可能 Thin Pool 仅有 1 GB 的容量，但是可以分配给一个 10 GB 的 LV 配置。而该配置实际使用到 500 MB 时，整个 Thin Pool 才分配 500 MB 给该 LV。当然，在所有由 Thin Pool 所分配出来的 LV 配置中，实际使用量绝不能超过 Thin Pool 的最大实际容量。在这个案例中，Thin Pool 仅有 1 GB，那么所有的由这个 Thin Pool 建置出来的 LV 配置内的实际用量，就绝不能超过 1 GB。假设 ztevg 卷组还有剩余容量，可按如下操作：

(1)由 ztevg 的剩余容量取出 1 GB 做出一个名为 ztetpool 的 Thin Pool LV 配置，这就是所谓的磁盘容量存储池。

(2)由 ztevg 内的 ztetpool 产生一个名为 ztethin1 的 10 GB LV 配置。

(3)将此配置实际格式化为 xfs 文件系统，并且挂载于 /srv/thin 目录内。

例如：

```
#1. 先以 lvcreate 建立 ztetpool 这个 Thin Pool 配置：
[root@ study ~]# lvcreate -L 1G -T ztevg/ztetpool    #最重要的建置指令
[root@ study ~]# lvdisplay /dev/ztevg/ztetpool
--- Logical volume ---
LV Name ztetpool
VG Name ztevg
LV UUID p3sLAg-Z8jT-tBuT-wmEL-1wKZ-jrGP-0xmLtk
LV Write Access read/write
LV Creation host, time study.centos.zte, 2015-07-28 18:27:32 + 0800
LV Pool metadata ztetpool_tmeta
LV Pool data ztetpool_tdata
LV Status available
#  open 0
LV Size 1.00 GiB       #总共可分配出去的容量
Allocated pool data 0.00%      #已分配的容量百分比
Allocated metadata 0.24%       #已分配的元数据百分比
Current LE 64
Segments 1
Allocation inherit
Read ahead sectors auto
- currently set to 8192
Block device 253:6
#在 LV 配置中还可以有再分配(Allocated)的项目。
[root@ study ~]# lvs ztevg      #语法为 lvs VGname
LV VG Attr LSize Pool Origin Data% Meta% Move Log Cpy% Sync Convert
ztelv ztevg -wi-ao---- 2.50g
ztetpool ztevg twi-a-tz-- 1.00g 0.00 0.24
#这个 lvs 指令的输出更加简单明了，直接看比较清晰
#2. 开始建立 ztethin1 这个有 10 GB 的配置。
[root@ study ~]# lvcreate -V 10G -T ztevg/ztetpool -n ztethin1
```

```
[root@ study ~]#  lvs ztevg
LV VG Attr LSize Pool Origin Data%  Meta%  Move Log Cpy% Sync Convert
ztelv ztevg -wi-ao---- 2.50g
ztethin1 ztevg Vwi-a-tz-- 10.00g ztetpool 0.00
ztetpool ztevg twi-aotz-- 1.00g 0.00 0.27
#ztevg这个 VG 没有足够大到 10 GB 的容量,通过 Thin Pool 竟然就
#产生了 10 GB 的 ztethin1 配置。
#3.开始建立文件系统
[root@ study ~]#  mkfs.xfs /dev/ztevg/ztethin1
[root@ study ~]#  mkdir /srv/thin
[root@ study ~]#  mount /dev/ztevg/ztethin1 /srv/thin
[root@ study ~]#  df -Th /srv/thin
Filesystem Type Size Used Avail Use%  Mounted on
/dev/mapper/ztevg-ztethin1 xfs 10G 33M 10G 1%  /srv/thin
#4.测试一下容量的使用。建立 500 MB 的文件,但不可超过 1 GB 的测试为宜
[root@ study ~]#  dd if=/dev/zero of=/srv/thin/test.img bs=1M count=500
[root@ study ~]#  lvs ztevg
LV VG Attr LSize Pool Origin Data%  Meta%  Move Log Cpy% Sync Convert
ztelv ztevg -wi-ao---- 2.50g
ztethin1 ztevg Vwi-aotz-- 10.00g ztetpool 4.99
ztetpool ztevg twi-aotz-- 1.00g 49.93 1.81
#这时已经分配出 49% 以上的容量,而 ztethin1 却只看到用掉 5% 而已
#所以认为,这个 Thin Pool 非常好用,但是在管理上,需要特别留意
```

这就是用多少算多少的 Thin Pool 方式,小小的一个磁盘可以仿真出许多容量。实际上,可用容量就是磁盘存储池内的容量。如果突破该容量,这个 Thin Pool 会爆炸而让数据损毁。

四、掌握 LVM 的磁盘快照功能

LVM 除了上述功能之外,还有一项重要的功能,即磁盘快照(Snapshot)。快照就是将当时的系统信息记录下来,好像照相记录一样。未来如果有任何数据变动,则原始数据会被搬移到快照区,没有被变动的区域则由快照区与文件系统共享。图 2-2-3 所示为域的备份示意图。

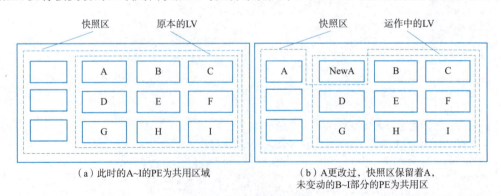

(a)此时的 A~I 的 PE 为共用区域　　(b) A 更改过,快照区保留着 A, 未变动的 B~I 部分的 PE 为共用区

图 2-2-3　域的备份示意图

图 2-2-3(a)为最初建置 LV 磁盘快照区的状况,LVM 会预留一个区域(左侧三个 PE 区块)作为数据存放处。此时快照区内并没有任何数据,而快照区与系统区共享所有的 PE 数据,因

此会看到快照区的内容与文件系统是一模一样的。等到系统运行一阵子后,假设 A 区域的数据被变动了[见图 2-2-3(b)],则变动前系统会将该区域的数据移动到快照区,所以在图 2-2-3(b)的快照区被占用了一块 PE 成为 A,而其他 B~I 的区块则还是与文件系统共享。

LVM 的磁盘快照是非常棒的"备份工具",它只备份被变动的数据,文件系统内没有被变动的数据依旧保持在原来的区块内。但是,LVM 快照功能会知道那些数据放置在哪里,因此"快照"当时的文件系统就"备份"下来,且快照所占用的容量非常小。

那么快照区如何建立与使用呢? 首先,由于快照区与原本的 LV 共享很多 PE 区块,因此快照区与被快照的 LV 必须要在同一个 VG 上。下面就针对传统 LV 磁盘进行快照的建置,大致流程如下:

(1)假设要备份的原始 LV 为/dev/ztevg/ztelv。

(2)使用传统方式建置快照,原始盘为/dev/ztevg/ztelv,快照名称为 ztesnap1,容量为 ztevg 的所有剩余容量。

(一)传统快照区的建立

传统快照区的建立步骤如下:

```
#1.先观察 VG 还剩下多少剩余容量
[root@ study ~]#  vgdisplay ztevg
....(其他省略)....
Total PE 252
Alloc PE / Size 226 / 3.53 GiB
Free PE / Size 26 / 416.00 MiB
#就只有剩下 26 个 PE,全部分配给 ztesnap1
#2.利用 lvcreate 建立 ztelv 的快照区,快照取名为 ztesnap1,且给予 26 个 PE
[root@ study ~]#  lvcreate -s -l 26 -n ztesnap1 /dev/ztevg/ztelv
Logical volume "ztesnap1" created
#上述指令中最重要的是-s 选项,代表 snapshot 快照功能
#-n 后面接快照区的配置名称,/dev/.... 则是要被快照的 LV 完整文件名
#-l 后面接使用多少个 PE 作为这个快照区使用
[root@ study ~]#  lvdisplay /dev/ztevg/ztesnap1
--- Logical volume ---
LV Path /dev/ztevg/ztesnap1
LV Name ztesnap1
VG Name ztevg
LV UUID I3m3Oc-RIvC-unag-DiiA-iQgI-I3z9-00aOzR
LV Write Access read/write
LV Creation host, time study.centos.zte, 2015-07-28 19:21:44 + 0800
LV snapshot status active destination for ztelv
LV Status available
# open 0
LV Size 2.50 GiB              #原始盘,即 ztelv 的原始容量
Current LE 160
COW-table size 416.00 MiB      #这个快照能够记录的最大容量
COW-table LE 26
Allocated to snapshot 0.00%    #目前已经被用掉的容量
```

```
Snapshot chunk size 4.00 KiB
Segments 1
Allocation inherit
Read ahead sectors auto
- currently set to 8192
Block device 253:11
```

这样/dev/ztevg/ztesnap1快照区就被建立起来,而且,它的VG容量与原本的/dev/ztevg/ztelv相同。也就是说,挂载这个配置时,看到的数据会同原本的ztelv相同。测试代码如下:

```
[root@ study ~]#  mkdir /srv/snapshot1
[root@ study ~]#  mount -o nouuid /dev/ztevg/ztesnap1 /srv/snapshot1
[root@ study ~]#  df -Th /srv/lvm /srv/snapshot1
Filesystem Type Size Used Avail Use%  Mounted on
/dev/mapper/ztevg-ztelv xfs 2.5G 111M 2.4G 5%  /srv/lvm
/dev/mapper/ztevg-ztesnap1 xfs 2.5G 111M 2.4G 5%  /srv/snapshot1
#这两个是一样的,没有动过
#/dev/ztevg/ztesnap1会记录原ztelv的内容
```

因为XFS不允许相同的UUID文件系统挂载,因此要加上nouuid参数,让文件系统忽略相同的UUID所造成的问题。

(二)利用快照区复原系统

利用快照区复原系统时,要复原的数据量不能够高于快照区所能负载的实际容量。由于原始数据会被搬移到快照区,如果快照区不够大,当原始数据被变动的实际数据量比快照区大时,快照区就会容纳不了,这时快照功能就会失效。

/srv/lvm已经有了/srv/lvm/etc、/srv/lvm/log等目录,接下来将这个文件系统的内容做一下变更,然后再以快照区数据还原:

```
#1.先将原本的/dev/ztevg/ztelv内容做些变更,增减一些目录
[root@ study ~]#  df -Th /srv/lvm /srv/snapshot1
Filesystem Type Size Used Avail Use%  Mounted on
/dev/mapper/ztevg-ztelv xfs 2.5G 111M 2.4G 5%  /srv/lvm
/dev/mapper/ztevg-ztesnap1 xfs 2.5G 111M 2.4G 5%  /srv/snapshot1
[root@ study ~]#  cp -a /usr/share/doc /srv/lvm
[root@ study ~]#  rm -rf /srv/lvm/log
[root@ study ~]#  rm -rf /srv/lvm/etc/sysconfig
[root@ study ~]#  df -Th /srv/lvm /srv/snapshot1
Filesystem Type Size Used Avail Use%  Mounted on
/dev/mapper/ztevg-ztelv xfs 2.5G 146M 2.4G 6%  /srv/lvm
/dev/mapper/ztevg-ztesnap1 xfs 2.5G 111M 2.4G 5%  /srv/snapshot1
[root@ study ~]#  ll /srv/lvm /srv/snapshot1
/srv/lvm:
total 60
drwxr-xr-x.  887 root root 28672 Jul 20 23:03 doc
drwxr-xr-x.  131 root root 8192 Jul 28 00:12 etc
/srv/snapshot1:
```

```
total 16
drwxr-xr-x. 131 root root 8192 Jul 28 00:12 etc
drwxr-xr-x. 16 root root 4096 Jul 28 00:01 log
#两个目录的内容看起来已经不太一样,检测一下快照 LV
[root@ study ~]#  lvdisplay /dev/ztevg/ztesnap1
--- Logical volume ---
LV Path /dev/ztevg/ztesnap1
....(中间省略)....
Allocated to snapshot 21.47%
#仅列出最重要的部分,全部的容量已经被用掉 21.4%
#2.利用快照区将原本的 filesystem 备份,使用 xfsdump 来处理
[root@ study ~]#  xfsdump -l 0 -L lvm1 -M lvm1 -f /home/lvm.dump /srv/snapshot1
#此时会有一个备份数据,即 /home/lvm.dump
```

为什么需要备份,而不可以直接格式化 /dev/ztevg/ztelv,然后将 /dev/ztevg/ztesnap1 直接复制给 ztelv 呢? ztesnap1 其实是 ztelv 的快照,因此如果格式化整个 ztelv 时,原本文件系统的所有数据都会被搬移到 ztesnap1。如果 ztesnap1 的容量不够大,那么部分数据将无法复制到 ztesnap1 内,数据当然无法全部还原,所以要制作出一个备份文件。

快照还有另外一项功能,可以比对 /srv/lvm 与 /srv/snapshot1 的内容,接下来还原 ztelv 的内容。

```
#将 ztesnap1 卸载并移除(因为里面的内容已经备份了)
[root@ study ~]#  umount /srv/snapshot1
[root@ study ~]#  lvremove /dev/ztevg/ztesnap1
Do you really want to remove active logical volume "ztesnap1"? [y/n]: y
  Logical volume "ztesnap1" successfully removed
[root@ study ~]#  umount /srv/lvm
[root@ study ~]#  mkfs.xfs -f /dev/ztevg/ztelv
[root@ study ~]#  mount /dev/ztevg/ztelv /srv/lvm
[root@ study ~]#  xfsrestore -f /home/lvm.dump -L lvm1 /srv/lvm
[root@ study ~]#  ll /srv/lvm
drwxr-xr-x. 131 root root 8192 Jul 28 00:12 etc
drwxr-xr-x. 16 root root 4096 Jul 28 00:01 log
#这就是通过快照来还原的一个简单的方法。
```

换一个角度,将原本的 ztelv 当作备份数据,然后将 ztesnap1 当作实际运行中的数据,任何测试的动作都在 ztesnap1 这个快照区中测试,那么当测试完毕要将测试的数据删除时,只要将快照区删除即可。而要复制一个 ztelv 系统,再做另外一个快照区即可。这对于教学环境中每年都要帮学生制作一个练习环境主机的测试非常有帮助。

(三)LVM 相关指令汇总

将上述用过的一些指令进行汇总,见表 2-2-1。

表 2-2-1 LVM 相关指令使用

任务	PV 阶段	VG 阶段	LV 阶段	filesystem(XFS/EXT4)
搜寻(scan)	pvscan	vgscan	lvscan	lsblk,blkid

续表

任　务	PV 阶段	VG 阶段	LV 阶段	filesystem(XFS/EXT4)
建立(create)	pvcreate	vgcreate	lvcreate	mkfs.xfs
列出(display)	pvdisplay	vgdisplay	lvdisplay	df,mount
增加(extend)		vgextend	lvextend(lvresize)	xfs_growfs,resize2fs
减少(reduce)		vgreduce	lvreduce(lvresize)	不支持
删除(remove)	pvremove	vgremove	lvremove	umount,重新格式化
改变容量(resize)			lvresize	xfs_growfs,resize2fs
改变属性(attribute)	pvchange	vgchange	lvchange	/etc/fstab,remount

至于文件系统阶段(filesystem 的格式化处理)部分,还需要以 xfs_growfs 来修订文件系统实际的大小才行。虽然 LVM 可以弹性地管理磁盘容量,但是要注意,如果想要使用 LVM 管理硬盘时,在安装时就要做好 LVM 的规划,否则未来需要先以传统的磁盘增加方式增加并移动数据后,才能够进行 LVM 的使用。

了解 LVM 后,还要会移除系统内的 LVM。因为实体分区已经被使用到 LVM 中,如果还没有将 LVM 关闭就直接将分区删除或转为其他用途,系统会发生很大的问题。所以,必须要知道如何将 LVM 的配置关闭并移除才行。依据以下的流程处理即可:

(1)先卸载系统中的 LVM 文件系统(包括快照与所有 LV)。
(2)使用 lvremove 移除 LV。
(3)使用 vgchange -a n VGname 让 VGname 不具有激活的标志。
(4)使用 vgremove 移除 VG。
(5)使用 pvremove 移除 PV。
(6)使用 gdisk 修改 ID。

例如:

```
[root@ study ~]# umount /srv/lvm /srv/thin /srv/snapshot1
[root@ study ~]# lvs ztevg
LV VG Attr LSize Pool Origin Data%  Meta%  Move Log Cpy% Sync
ztelv ztevg -wi-a----- 2.50g
ztethin1 ztevg Vwi-a-tz-- 10.00g ztetpool 4.99
ztetpool ztevg twi-aotz-- 1.00g 49.93 1.81
#注意,先删除 ztethin1--> ztetpool--> ztelv 比较好
[root@ study ~]# lvremove /dev/ztevg/ztethin1 /dev/ztevg/ztetpool
[root@ study ~]# lvremove /dev/ztevg/ztelv
[root@ study ~]# vgchange -a n ztevg
0 logical volume(s) in volume group "ztevg" now active
[root@ study ~]# vgremove ztevg
Volume group "ztevg" successfully removed
[root@ study ~]# pvremove /dev/vda{5,6,7,8}
```

最后,再用 gdisk 将磁盘的 ID 改回来即可。

🛰 任务小结

通过本任务可对存储管理工具有一个透彻的了解,知道如何给硬盘分区,如何挂载和卸载文件系统,熟悉 LVM 的概念和相关操作。本部分以存储知识为主,而存储作为 Linux 的一个重点部分,需要着重学习并加深理解,同时,需要用户多上机操作,知道如何做,也要知道其技术原理,对于融会贯通和后续实施更多存储项目有重要意义。

※思考与练习

一、填空题

1. 设置限制用户使用磁盘空间的命令是_____。
2. 硬盘的技术指标有主轴转速、平均寻道时间、数据传输速率、_____和_____。
3. CentOS 默认的文件系统类型为_____。
4. CD-ROM 标准的文件系统类型是_____。
5. 安装 Linux 操作系统对硬盘分区时必须有两种分区类型_____和_____。

二、判断题

1. LVM 必须要核心有支持且需要安装 lvm2 这个软件。( )
2. RedHat 默认的 Linux 文件系统是 ext3。( )
3. 动态管理 LVM 是逻辑卷管理的核心技能。( )
4. 在 fstab 文件中,使用";"标记注释行。( )
5. Linux 中文件系统要挂载后才能使用。( )

三、简答题

1. PV 阶段的常用指令有哪些?
2. LV 阶段的常用指令有哪些?
3. 硬盘的接口方式有哪些?
4. 什么是 LVM 的磁盘快照?
5. 基本磁盘和动态磁盘有什么区别?
6. 磁盘配额有什么作用?
7. vg 阶段的常用指令有哪些?
8. 什么是 PV?
9. 什么是 PE?
10. 什么是 VG?

项目三
浅析 Linux 系统高级管理

任务一　浅析网络配置

任务描述

网络管理是 Linux 系统管理员最常遇到的工作内容之一,虽然一般情况下,路由器的配置主要由网络工程师负责,但是 Linux 系统管理员也应该清楚地了解网络系统中的主要概念和必要的配置。

任务目标

- 理解 Linux 网络基础知识。
- 掌握如何配置网络。
- 了解 Linux 系统如何实现路由功能。

任务实施

Linux 支持各种类型的底层网络协议,这些网络协议和 Linux 内核提供的功能,通过静态手工配置和从 DHCP 服务动态获得 IP 地址实现设备资源在网络上共享。网络信息可以配置为临时性网络配置和永久性网络配置。而路由最大的功能就是在帮人们规划网络封包的传递方式与方向,实现局域网上网功能。

常用 Linux
网络配置命令

一、理解 Linux 网络

Linux 支持 TCP/IP、NetBIOS/NetBEUI、IPX/SPX、AppleTake 等类型的网络协议,同时支持 Ethernet、Token Ring、ATM、PPP(PPPoE)、FDDI、Frame Relay 等底层网络协议。RHEL/CentOS 内核默认支持以上网络协议。

在 TCP/IP 网络环境里,每个终端在要访问网络资源之前,都必须进行网络配置(如 IP 地址、子网掩码、默认网关、DNS 域名等)。网络参数可以手动配置,也可以从 DHCP 服务动态获取。

管理员在做系统规划时通常会创建一张配置清单，对照配置清单手工设置 IP 地址、默认网关、子网掩码、DNS 域名等网络参数，这种方法比较费时，通常用于服务器网络配置。

除此之外，还可以使用 DHCP 服务动态配置 IP 地址，基本上不需要网络管理员人为干预。通常用于数量较多的终端网络配置。

Linux 支持的网络接口众多，在安装 RHEL 7 操作系统时选择配置网络，系统会自动检测用户的网卡并安装驱动程序。

常见的网络接口见表 3-1-1。

表 3-1-1　常见的网络接口

网络接口名称	网络接口类型	说　明
ethX	以太网接口	常用的以太网络接口
trX	令牌环接口	少数 IBM 系统网络使用的接口
fddiX	光纤分布式数据接口	核心网或高速网络，如数据中心/云计算平台的核心数据交换
pppX	点对点协议接口	拨号网络、基于 PPTP 协议的 VPN 等
lo	本地回环接口	用于支持 UNIX Domain Socket 技术的 IPC（inter-process communication，进程间通信）

Linux 系统中，可以通过建立多个网卡配置文件为一块物理网卡绑定多个 IP 地址，网络接口设备名为 ethN:M，ifcfg-ethN:M 为以太网络接口的配置文件，M 和 N 是相应的序号数字。

常见的网络服务见表 3-1-2。

表 3-1-2　Linux 常见网络服务

服务类型	网络服务名称
Web 服务	Apache
Mail 服务	Sendmail Postfix，QmaiL Exim/Cyrus IMAP、Courier IMAP
DNS 服务	BIND
FTP 服务	Vsftpd、Wu-ftpd、Proftpd、pure-ftpd
代理服务	Squid
目录服务	OpenLDAP
文件服务	Samba、NFS
数据库服务	Oracle、Sybase、DB2、PostgreSQL、MySQL、FireBird
远程管理	VNC、Webmin、SSH

二、配置网络参数

（一）配置临时性网络参数

1. 配置 IP 网络参数

使用 ifconfig、ip addr 命令查看网络接口的配置参数。ifconfig 命令语法：

```
ifconfig <网终接口> <IP 地址:> [<Mask> <Broadcast> ]
```

配置 Linux 网络接口

例如，要配置 ens33 的网络参数，使用如下命令：

```
ifconfig ens33 192.168.1.20
```

该命令将启动 ens33 网络接口，设置网口 IP 地址为 192.168.1.20，子网掩码为 255.255.255.0，广播地址为 192.168.1.255。

当使用 A、B、C 类网络地址时，可以省略广播地址和子网掩码。此时，系统会设置默认广播地址和子网掩码；否则，必须指出广播地址和子网掩码。例如：

```
# ifconfig ens33 10.0.0.20 Mask 255.255.255.0 Broadcast 10.0.0.255
```

可以使用 ifconfig 命令查看当前的网络参数配置。

```
ifconfig ens33
Ens33      Link encap:Ethemet HWaddr 00:21:97:30:51:2B
inet addr:192.168.1.20 Beast:192.168.1.255
Mask:255.255.255.0
UP BROADCAST RUNNING
...
```

2. 配置静态路由

可以使用 route 命令查看和设置路由表，route 命令语法格式如下：

```
route [add|del][-net|-host][target][netmask Nm][gw GW][[dev] if]
```

route 命令参数见表 3-1-3。

表 3-1-3 route 命令可选参数

可选参数	参数说明	可选参数	参数说明
add	添加一条路由表	target	目的网络或主机
del	删除一条路由表	netmask	目的地址的网络掩码
-net	目的地址是一个网络	gw	路由数据包通过的网关
-host	目的地址是一个主机	dev	为路由指定的网络接口

route 命令使用案例：

```
//1. 添加到主机的路由
# route add -host 192.168.1.2 dev eth0:0
# route add -host 10.20.30.148 gw 10.20.30.40
//2. 添加到网络的路由
# route add -net 10.20.30.40 netmask 255.255.255.248 eth0
# route add -net 10.20.30.48 netmask 255.255.255.248 gw 10.20.30.41
# route add -net 192.168.1.0/24 eth1
//3. 添加默认路由
# route add default gw 192.168.1.1
//4. 删除路由
# route del -host 192.168.1.2 dev eth0:0
# route del -host 10.20.30.148 gw 10.20.30.40
```

```
# route del -net 10.20.30.40 netmask 255.255.255.248 eth0
# route del -net 10.20.30.48 netmask 255.255.255.248 gw 10.20.30.41
# route del -host 192.168.1.0/24 eth1
# route del default gw 192.168.1.1
```

3. 配置 hostname

Linux 系统主机名可以通过 hostname 命令修改。例如：

```
# hostname mater.cluster
```

(二)配置永久性网络

1. TCP/IP 配置文件

Linux 系统中，使用 cat /etc/protocols 命令，获取支持的协议及协议号。

```
[root@ master ~]# cat /etc/protocols
# /etc/protocols:
# $ Id: protocols,v 1.11 2011/05/03 14:45:40 ovasik Exp $
#
# Internet (IP) protocols
#
#     from: @ (# )protocols    5.1 (Berkeley) 4/17/89
#
# Updated for NetBSD based on RFC 1340, Assigned Numbers (July 1992).
# Last IANA update included dated 2011-05-03
#
# See also http://www.iana.org/assignments/protocol-numbers

ip       0    IP         # internet protocol, pseudo protocol number
hopopt   0    HOPOPT     # hop-by-hop options for IPv6
icmp     1    ICMP       # internet control message protocol
igmp     2    IGMP       # internet group management protocol
ggp      3    GGP        # gateway-gateway protocol
ipv4     4    IPv4       # IPv4 encapsulation
st       5    ST         # ST datagram mode
...
```

使用 cat /etc/services 命令，获取支持的网络服务及服务端口号。

```
[root@ master ~]# cat /etc/services
# /etc/services:
# $ Id: services,v 1.55 2013/04/14 ovasik Exp $
#
# Network services, Internet style
# IANA services version: last updated 2013-04-10
#
# Note that it is presently the policy of IANA to assign a single well-known
# port number for both TCP and UDP; hence, most entries here have two entries
# even if the protocol doesn't support UDP operations.
```

```
# Updated from RFC 1700, "Assigned Numbers'' (October 1994).   Not all ports
# are included, only the more common ones.
#
# The latest IANA port assignments can be gotten from
#        http://www.iana.org/assignments/port-numbers
# The Well Known Ports are those from 0 through 1023.
# The Registered Ports are those from 1024 through 49151
# The Dynamic and/or Private Ports are those from 49152 through 65535
#
# Each line describes one service, and is of the form:
#
# service-name  port/protocol  [aliases...]   [# comment]

tcpmux          1/tcp                           #TCP 端口服务多路复用器
tcpmux          1/udp                           #TCP 端口服务多路复用器
rje             5/tcp                           #远程作业入口
rje             5/udp                           #远程作业入口
echo            7/tcp
echo            7/udp
discard         9/tcp           sink null
discard         9/udp           sink null
systat          11/tcp          users
systat          11/udp          users
...
```

2. 网络接口配置文件

网络接口配置文件见表 3-1-4。

表 3-1-4　网络接口配置文件

网络接口配置文件名称	配置文件功能
/etc/sysconfig/network	包含主机最基本的网络信息，主要用于系统启动
/etc/sysconfig/network-scripts/	文件目录，系统启动时用来初始化网络的一些信息
/etc/hosts	hosts 表，主机名与 IP 地址映射
/etc/networks	域名与网络地址（网络 ID）的映射
/etc/host.conf	配置域名服务客户端的控制文件
/etc/resolv.conf	配置域名服务客户端的配置文件，用于指定域名服务器的位置

网络接口配置文件存放于/etc/sysconfig/network-scripts 目录，如 ens33 网络接口配置文件名为 ifcfg-ens33。常用网络接口配置参数见表 3-1-5。

表 3-1-5　常用的网络接口配置参数

静态配置	动态配置	说明
Type=Ethernet	Type=Elhernet	指定网络接口类型
DEVlCE=ens33	DEVICE=ens33	指定设备名

续表

静态配置	动态配置	说明
HWADDR=00:0C:29:0B:74:CC	HWADDR=00:0C:29:0B:74:CC	指定网卡的 MAC(物理)地址,唯一标识网卡,也可以通过 UUID 来唯一标定
BOOTPROTO=static	BOOTPROTO=dhcp	指定获取网络参数的方式。static:静态地址;dhcp:动态获取地址
ONBOOT=yes	ONBOOT=yes	指定是否在启动时启用设备,设置为 no 时,系统启动后网卡不会自动启动
IPADDR=192.168.238.100		指定静态 IP 地址
NETMASK=255.255.255.0		设置网络子网掩码
BROADCAST=l92.168.238.255		设置网络广播地址
GATEWAY=192.168.238.254		指定设备的网关

3. 系统网络配置文件

/etc/sysconfig/network 系统网络配置文件,可以永久性地配置主机名和默认网关等信息。例如:

```
NETWORKlNG=yes
HOSTNAME=master.cluster
GATEWAY=192.168.238.254
```

4. 网络接口的静态路由配置文件

/etc/sysconfig/network-scripts 目录中,每个网络接口都有静态路由配置文件。例如,ens33 以太网接口的静态路由配置文件名为 route-ens33。在该文件中可以设置针对 ens33 接口的静态路由。例如:

```
# cat /etc/sysconfig/network-scripts/route-ens33
192.168.2.0/24   via 172.16.10.88
```

5. 本地域名解析配置文件

本地域名解析配置文件为/etc/hosts,通常也称为 host 表文件。例如:

```
127.0.0.1   localhost localhost.localdomain localhost4 localhost4.localdomain4
::1         localhost localhost.localdomain localhost6 localhost6.localdomain6
192.168.238.100 master.cluster
192.168.238.101 node1.cluster
192.168.238.102 node2.cluster
```

6. 配置远程域名解析器

/etc/resolv.conf 配置文件可以用来设置 Linux 的 DNS 地址,DNS 配置参数见表 3-1-6。

表 3-1-6　DNS 配置参数

配置参数	参数值
nameserver	8.8.8.8

续表

配 置 参 数	参 数 值
nameserver	129.129.129.129
nameserver	208.67.220.220
domain	Bigdata.cluster
search	bigdata.cluster

其中各项参数:

(1)nameserver 指定 DNS 服务器,最多可设置 3 个 DNS 服务器。

(2)domain 用于指定当前主机所在域的域名。

(3)search 用于指定默认的搜索域。

以上配置指定当前域和默认搜索域为 bigdata.cluster,例如以下操作,系统会自动在主机名后加上默认搜索域的域名。

```
# telnet master
```

用户使用 telnet 命令连接主机名为 master 的远程主机,此时系统首先会在主机名后面加上域名 bigdata.cluster,再由 DNS 解析 master.bigdata.cluster 的 IP 地址。通常,默认的搜索域都是本地服务器集群的域名。

7. 配置域名解析顺序

/etc/host.conf 配置文件用来配置域名解析的优先顺序。

```
order hosts,bind
```

8. 设置包转发

配置文件/etc/sysctl.conf 用来永久性配置包转发,首先,确认以下配置参数是否存在。

```
net.ipv4.ip_forward=1
```

使用命令查看当前系统是否支持包转发。

```
# sysctl net.ipv4.ip_forward
```

执行命令,使对配置文件的修改在当前环境下生效。

```
# sysctl -p
```

三、配置 Linux 网络

理解路由的概念,可以帮助人们规划网络封包的传递方式和方向。可以使用 route 命令查看和设置路由。

(一)路由表产生的类型

数据封包的投递好比邮局投递包裹,每一台主机就像是一个个的站点,都有自己的路由表,必须要通过自己的路由表来传递主机的封包到下一个路由器。如果封包传送出去,该封包就要通过下一个路由器的路由表来传送。如果网络上某一台路由器设置错误,封包流向就会出问题。可以通过 traceroute 命令了解路由器的封包流向。

路由查看:

```
[root@ www ~]# route -n
Kernel IP routing table
Destination     Gateway         Genmask         Flags Metric Ref    Use Iface
192.168.2.0     0.0.0.0         255.255.255.0   U     0      0        0 eth0 <== 1
169.254.0.0     0.0.0.0         255.255.0.0     U     1002   0        0 eth0 <== 2
0.0.0.0         192.168.2.254   0.0.0.0         UG    0      0        0 eth0 <== 3
```

首先,需要知道在 Linux 系统下的路由表是由小网域排列到大网域,例如上面的路由表中,路由是由"192.168.2.0/24→169.254.0.0/16→0.0.0.0/0(预设路由)"来排列的。而当主机的网络封包需要传送时,就会查阅上述的三个路由规则来了解如何将该封包传送出去。路由表主要按以下几种情况来设计:

1. 依据网络接口产生的 IP 而存在的路由

例如,192.168.2.0/24 这个路由的存在是由于这台主机上拥有 192.168.2.100 这个 IP 的关系。也就是说,主机上有几个网络接口存在时,该网络接口就会存在一个路由。所以,当主机有两个网络接口(如 192.168.1.100、192.168.2.100)时,路由至少就会有:

```
[root@ www ~]# ifconfig eth1 192.168.2.100
[root@ www ~]# route -n
Destination     Gateway         Genmask         Flags Metric Ref    Use Iface
192.168.2.0     0.0.0.0         255.255.255.0   U     0      0        0 eth1
192.168.1.0     0.0.0.0         255.255.255.0   U     0      0        0 eth0
169.254.0.0     0.0.0.0         255.255.0.0     U     1002   0        0 eth0
0.0.0.0         192.168.1.254   0.0.0.0         UG    0      0        0 eth0
```

2. 手动或预设路由

可以使用 route 指令手动进行额外的路由设置,例如预设路由(0.0.0.0/0)就是额外的路由。使用 route 指令时,最重要的一个概念是:"所规划的路由必须要是用户的配置(如 eth0)或 IP 可以直接沟通的情况"才行。例如,以上述的环境来看,用户的环境中仅有 192.168.1.100 及 192.168.2.100,如果想要连接到 192.168.5.254 这个路由器时,可按以下方式操作:

```
[root@ www ~]# route add -net 192.168.5.0\
> netmask 255.255.255.0 gw 192.168.5.254
SIOCADDRT: No such process
```

系统就会响应没有办法连接到该网域,因为网络接口与 192.168.5.0/24 根本就没有关系。如果 192.168.5.254 真的在实体网络连接上,并且与 eth0 连接在一起,应该按如下方式操作:

```
[root@ www ~]# route add -net 192.168.5.0\
> netmask 255.255.255.0 dev eth0
[root@ www ~]# route -n
Kernel IP routing table
```

```
Destination     Gateway         Genmask         Flags   Metric  Ref     Use Iface
192.168.5.0     0.0.0.0         255.255.255.0   U       0       0       0 eth0
192.168.2.0     0.0.0.0         255.255.255.0   U       0       0       0 eth1
192.168.1.0     0.0.0.0         255.255.255.0   U       0       0       0 eth0
169.254.0.0     0.0.0.0         255.255.0.0     U       1002    0       0 eth0
0.0.0.0         192.168.1.254   0.0.0.0         UG      0       0       0 eth0
```

此时,主机就会直接用 eth0 这个配置去尝试连接 192.168.5.254。

3. 动态路由的学习

除了上面这两种可以直接使用指令的方法来增加路由规则之外,还有一种通过路由器与路由器之间的协商以达成动态路由的环境,但需要额外的软件支持。

事实上,在 Linux 的路由规则都是通过核心来达成的,所以这些路由表的规则都在核心功能内。

(二) 网卡多 IP

我们可以在原本的 eth0 上模拟出一个虚拟接口,以让原本的网络卡具有多个 IP,具有多个 IP 的功能就称为 IP Alias。而这个 eth0:0 的配置可以通过 ifconfig 或 ip 这两个指令来达成。 IP Alias 的常见用途如下:

1. 测试用

现在使用 IP 分享器的情况很多,而 IP 分享器的设置通常是使用 WWW 接口来提供的。 这个 IP 分享器通常会给予一个私有 IP,即 192.168.0.1 让用户开启 WWW 接口。那么,如何连接上这部 IP 分享器呢?在不更改既有的网络环境下,可以直接利用:

```
[root@ www ~]#  ifconfig [device] [ IP ] netmask [netmask ip] [up|down]
[root@ www ~]#  ifconfig eth0:0 192.168.0.100 netmask 255.255.255.0 up
```

来建立一个虚拟的网络接口,这样就可以立刻连接上 IP 分享器,也不会更改原本的网络参数设置值。

2. 在一个实体网域中含有多个 IP 网域

既有设备无法提供更多实体网卡时:如果这台主机需要连接多个网域,但该设备却无法提供安装更多的网卡时,只好勉为其难地使用 IP Alias 来提供不同网段的联机服务。

需要知道的是:所有的 IP Alias 都是由实体网卡仿真来的,所以当要启动 eth0:0 时,eth0 必须要先被启动才行。而当 eth0 被关闭后,所有 eth0:n 的模拟网卡将同时也被关闭。

除非有特殊需求,否则建议有多个 IP 时,最好在不同的网卡上达成。如果真的要使用 IP Alias 时,并且在开机时就启动 IP Alias,可以用 ifconfig 启动的指令写入/etc/rc.d/rc.local 文件中(但使用/etc/init.d/network restart 时,该 IP Alias 无法被重新启动),但建议使用如下方式来处理:

通过建立/etc/sysconfig/network-scripts/ifcfg-eth0:0 配置文件。

```
[root@ www ~]#  cd /etc/sysconfig/network-scripts
[root@ www network-scripts]#  vim ifcfg-eth0:0
DEVICE=eth0:0           # 相当重要,一定要与文件名具有相同的配置代号
```

```
ONBOOT=yes
BOOTPROTO=static
IPADDR=192.168.0.100
NETMASK=255.255.255.0
[root@ www network-scripts]# ifup eth0:0
[root@ www network-scripts]# ifdown eth0:0
[root@ www network-scripts]# /etc/init.d/network restart
```

关于网卡的配置文件内的更多参数说明，在此不再叙述。使用这个方法有个好处，就是当使用/etc/init.d/network restart 时，系统依旧会使用 ifcfg-eth0:0 文件内的设置值来启动虚拟网卡。另外，不论 ifcfg-eth0:0 内的 ONBOOT 设置值为何，只要 ifcfg-eth0 这个实体网卡的配置文件中 ONBOOT 为 yes，开机时就会将全部的 eth0:n 都启动。

通过这个简单的方法，就可以在开机时启动虚拟接口而取得多个 IP 在同一张网卡上。需要注意的是，如果这张网卡分别通过 DHCP 以及手动的方式来设置 IP 参数，那么 DHCP 的取得务必使用实体网卡，即 eth0 之类的网卡代号，而手动的方式以 eth0:0 之类的代号设置较佳。

（三）重复路由的问题

假设：

```
eth0 : 192.168.0.100
eth1 : 192.168.0.200
```

查看路由：

```
[root@ www ~]# route -n
Kernel IP routing table
Destination     Gateway         Genmask         Flags  Metric  Ref    Use Iface
192.168.0.0     0.0.0.0         255.255.255.0   U      0       0        0 eth1
192.168.0.0     0.0.0.0         255.255.255.0   U      0       0        0 eth0
```

也就是说，当要主动发送封包到 192.168.0.0/24 的网域时，都只会通过第一条规则，也就是通过 eth1 来传出去。在响应封包方面，不管是由 eth0 还是由 eth1 进来的网络封包，都会通过 eth1 来回传。这可能会造成一些问题，尤其是一些防火墙的规则方面，很可能会发生一些严重的错误，如此一来，根本没有办法达成负载平衡，也不会有增加网络流量的效果。此外，还可能发生封包传递错误的情况。所以，同一台主机上设置相同网域的 IP 时，要特别留意路由规则。一般来说，不应该设置同一网段的不同 IP 在同一台主机上。

四、架设路由器

（一）路由器与 IP 分享器

主机想要将数据传送到不同的网域时需要通过路由器来完成，路由器的主要功能是"转递网络封包"。也就是说，路由器会分析来源端封包的 IP 表头，在表头内找出要送达的目标 IP 后，通过路由器本身的路由表来将这个封包向下一个目标传送，这就是路由器的功能。

（1）硬件功能：例如 Cisco、TP-Link、D-Link 等公司都生产硬件路由器，这些路由器内有嵌入式的操作系统,可以负责不同网域间的封包转译与转递等功能。

(2)软件功能:例如 Linux 这个操作系统的核心就有提供封包转递的能力。

高阶的路由器可以连接不同的硬设备,并且可以转译很多不同的封包格式,通常价格也不便宜。这里仅讨论在以太网络中最简单的路由器功能:连接两个不同的网域。这项功能 Linux 个人计算机就可以达成。

打开核心的封包转递功能,就如同路由表是由 Linux 的核心功能所提供的,这个转递封包的功能也是 Linux 核心所提供。观察核心功能的显示文件的方法如下:

```
[root@ www ~]# cat /proc/sys/net/ipv4/ip_forward
0  #0代表没有启动,1代表启动了
```

要让该文件的内容变成启动值 1 最简单的方式就是使用 echo 1 > /proc/sys/net/ipv4/ip_forward。不过,这个设置结果在下次重新启动后就会失效。因此,建议直接修改系统配置文件的内容,用/etc/sysctl.conf 来达成开机启动封包转递的功能。

```
[root@ www ~]# vim /etc/sysctl.conf
# 将底下这个设置值修改正确即可(本来值为 0,将其改为 1 即可)
net.ipv4.ip_forward=1
[root@ www ~]# sysctl -p    # 立刻让该设置生效
```

sysctl 这个指令是在核心工作时直接修改核心参数的一个指令,更多的功能可以参考 man sysctl 查询。由于 Linux 路由器的路由表设置方法不同,路由器规划其路由的方式有两种:

(1)静态路由:可以直接使用 route 指令来设置路由表到核心功能中,设置值只要与网域环境相符即可。不过,当网域有变化时,路由器就要重新设置。

(2)动态路由:可以使用 Quagga 或 Zebra 开源路由配置软件来配置,Quagga 或 Zebra 可以安装在 Linux 路由器上,通过动态侦测网域的变化直接修改 Linux 核心路由表信息;无须手动以 route 指令修改路由表信息。

了解了路由器之后,接下来需要了解什么是网络地址转换(Network Address Translation,NAT)服务器,其实 IP 分享器就是最简单的 NAT 服务器。NAT 可以达成 IP 分享的功能,而 NAT 服务器本身就是一个路由器,只是比路由器多了一个"IP 转换"功能。

一般来说,路由器会有两个网络接口,通过路由器本身的 IP 转递功能让两个网域可以互相沟通网络封包。由于私有 IP 不能直接与公共 IP 沟通其路由信息,此时就需要额外的"IP 转译"功能。

Linux 的 NAT 服务器可以通过修改封包的 IP 表头数据来源或目标 IP,让来自私有 IP 的封包可以转换成 NAT 服务器的公共 IP,就可以连上 Internet。

所以,当路由器两端的网域分别是 Public 与 Private IP 时,才需要 NAT 的功能。

(二)何时需要路由器

一般来说,计算机数量小于数十台的小型企业是无须路由器的,只需要利用 hub/switch 串接各台计算机,然后通过单一线路连接到 Internet 上即可。不过,如果是超过数百台计算机的大型企业环境,通常需要考虑如下状况,因此才需要路由器的架设:

1. 实体线路布线及效能的考虑

在一栋大楼的不同楼层要串接所有的计算机可能有点难度,可以通过每个楼层架设一部路由器,并将每个楼层的路由器相连接,就能够简单地管理各楼层的网络。此外,如果各楼层不想架设路由器,而是直接以网络线串接各楼层的 hub/switch 时,由于同一网域的数据是通过广播来传递的,当整个大楼的某一台计算机在广播时,所有的计算机将会予以回应,会造成大楼内网络效能的问题。所以,架设路由器将实体线路分隔,有助于这方面的网络效能。

2. 部门独立与保护数据的考虑

只要实体线路是连接在一起的,当数据通过广播时,就可以通过 tcpdump 指令来监听封包数据,并且予以窃取。所以,如果部门之间的数据需要独立,或者某些重要的数据必须要在公司内部予以保护时,可以将那些重要的计算机放到一个独立的实体网域,并额外加设防火墙、路由器等连接公司内部的网域。

(三)静态路由之路由器

以图 3-1-1 小型企业网络示意图的架构来说,这家公司主要有两个 class C 的网段,分别是:
(1)一般区域网络(192.168.1.0/24):台式机、笔记本计算机、交换机和外网路由器。
(2)保护内网(192.168.100.0/24):包括内网路由器、交换机、服务器、客户机等构成。

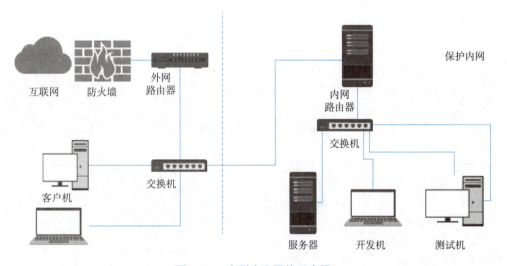

图 3-1-1 小型企业网络示意图

其中 192.168.1.0/24 是用来作为一般员工连接因特网用的,至于 192.168.100.0/24 则是给研发的部门用的。客户机代表的是一般员工的计算机,服务器、开发机、测试机则是研发部门的工作用计算机,内网路由器则是研发部门用来连接到公司内部网域的路由器。在这样的架构下,该研发部门的封包就能够与公司其他部门做实体的分隔。

由图 3-1-1 也不难发现,只要是具有路由器功能的设备(内网路由器、外网路由器)都会具有两个以上的接口,分别用来沟通不同的网域,同时该路由器也都会具有一个预设路由。另外,防火墙可以起到保护作用。

下面先从开发机这台计算机探讨一下联机的机制。

(1)发起联机需求:开发机→内网路由器→外网路由器→Internet。

(2)响应联机需求:Internet→外网路由器→内网路由器→开发机。

观察一下两台路由器的设置,要达到上述功能,则外网路由器必须要有两个接口:一个是对外的 Public IP;另一个则是对内的 Private IP。因为 IP 的类别不同,外网路由器还需要额外增加 NAT 这个机制才行。除此之外,外网路由器并不需要额外的设置。至于内网路由器就更简单,不用做任何设置,将两张网卡设置两个 IP,并且启动核心的封包转递功能,即可架设完成。以下简述几台主机的设置。

内网路由器在这台主机内需要有两张网卡,这里将其定义为:

(1)eth0:192.168.1.100/24。

(2)eth1:192.168.100.254/24。

```
#1. 看下 eth0 的设置
[root@ www ~]# vim /etc/sysconfig/network-scripts/ifcfg-eth0
DEVICE="eth0"
HWADDR="08:00:27:71:85:BD"
NM_CONTROLLED="no"
ONBOOT="yes"
BOOTPROTO=none
IPADDR=192.168.1.100
NETMASK=255.255.255.0
GATEWAY=192.168.1.254    #最重要的设置是通过这台主机连出去的
#2. 配置 eth1 网卡
[root@ www ~]# vim /etc/sysconfig/network-scripts/ifcfg-eth1
DEVICE="eth1"
HWADDR="08:00:27:2A:30:14"
NM_CONTROLLED="no"
ONBOOT="yes"
BOOTPROTO="none"
IPADDR=192.168.100.254
NETMASK=255.255.255.0
#3. 启动 IP 转递
[root@ www ~]# vim /etc/sysctl.conf
net.ipv4.ip_forward=1
#找到上述的设置值,将默认值 0 改为 1 即可
[root@ www ~]# sysctl -p
[root@ www ~]# cat /proc/sys/net/ipv4/ip_forward
1    <== 这是重点,要 1 才可以
#4. 重新启动网络,并且观察路由与 ping 外网路由器
[root@ www ~]# /etc/init.d/network restart
```

```
[root@ www ~]# route -n
Kernel IP routing table
Destination     Gateway         Genmask         Flags   Metric  Ref     Use Iface
192.168.100.0   0.0.0.0         255.255.255.0   U       0       0       0 eth1
192.168.1.0     0.0.0.0         255.255.255.0   U       0       0       0 eth0
0.0.0.0         192.168.1.254   0.0.0.0         UG      0       0       0 eth0
#上面的重点在于最后面那个路由器的设置是否正确
[root@ www ~]# ping -c 2 192.168.1.254
PING 192.168.1.254 (192.168.1.254) 56(84) bytes of data.
64 bytes from 192.168.1.254: icmp_seq=1 ttl=64 time=0.294 ms
64 bytes from 192.168.1.254: icmp_seq=2 ttl=64 time=0.119 ms  #有回应即可
#5.暂时关闭防火墙,这一步也很重要
[root@ www ~]# /etc/init.d/iptables stop
```

通过最后的 ping 可知内网路由器可以连上外网路由器。此外,CentOS 7.x 默认的防火墙规则会将来自不同网卡的沟通封包剔除,所以还需要暂时关闭防火墙才行。接下来设置开发机这个被保护的主机网络。

受保护的内网,以开发机为例,不论开发机是哪一种 Linux 操作系统,环境都类似这样的:

```
IP: 192.168.100.10
netmask: 255.255.255.0
gateway: 192.168.100.254
hostname:.centos.zte
```

以 Linux 操作系统为例,并且开发机仅有 eth0 一张网卡时,相关设置如下:

```
[root@ A ~]# vim /etc/sysconfig/network-scripts/ifcfg-eth0
DEVICE="eth0"
NM_CONTROLLED="no"
ONBOOT="yes"
BOOTPROTO=none
IPADDR=192.168.100.10
NETMASK=255.255.255.0
GATEWAY=192.168.100.254   #这项设置最重要
[root@ A ~]# /etc/init.d/network restart
[root@ A ~]# route -n
Kernel IP routing table
Destination     Gateway         Genmask         Flags   Metric  Ref     Use Iface
192.168.100.0   0.0.0.0         255.255.255.0   U       1       0       0 eth0
169.254.0.0     0.0.0.0         255.255.0.0     U       1002    0       0 eth0
0.0.0.0         192.168.100.254 0.0.0.0         UG      0       0       0 eth0
[root@ A ~]# ping -c 2 192.168.100.254 #ping 自己的 gateway(成功)
[root@ A ~]# ping -c 2 192.168.1.254   #ping 外部的 gateway(失败)
```

这里可以看出联机是有问题的,再从响应联机需求流程来看一下。

(1)发起联机:开发机→内网路由器(OK)→外网路由器(OK)。

(2)回应联机:外网路由器(此时外网路由器要响应的目标是 192.168.100.10),外网路由器仅有 public 与 192.168.1.0/24 的路由,所以该封包会由 public 再传出去,因此封包就回不来了。

可以看出网络是双向的,此时封包出得去,但是回不来,只好告知外网路由器当路由规则碰到 192.168.100.0/24 时,要将该封包传到 192.168.1.100。特别的路由规则:外网路由器所需路由,假设外网路由器对外的网卡为 eth1,而内部的 192.168.1.254 则是设置在 eth0。可直接使用 route add 在外网路由器增加一条路由规则。具体如下:

```
[root@ routera ~]# route add -net 192.168.100.0 netmask 255.255.255.0 \
> gw 192.168.1.100
```

不过,这个规则并不会写入配置文件,重新启动时,此规则无效。所以,应该建立一个路由配置文件。由于这个路由是依附在 eth0 网卡上的,所以配置文件名应该是 route-eth0。这个配置文件的内容当中,要设置 192.168.100.0/24 这个网域的 gateway 是 192.168.1.100,且要通过 eth0,写法就会变成:

```
[root@ routera ~]# vim /etc/sysconfig/network-scripts/route-eth0
192.168.100.0/24 via 192.168.1.100dev eth0
[root@ routera ~]# route -n
Destination     Gateway         Genmask         Flags Metric Ref    Use Iface
120.114.142.0   0.0.0.0         255.255.255.0   U     0      0        0 eth1
192.168.100.0   192.168.1.100   255.255.255.0   UG    0      0        0 eth0
192.168.1.0     0.0.0.0         255.255.255.0   U     0      0        0 eth0
169.254.0.0     0.0.0.0         255.255.0.0     U     0      0        0 eth1
0.0.0.0         120.114.142.254 0.0.0.0         UG    0      0        0 eth1
```

上述观察的重点在于有无出现 192.168.100.0 那行路由。如果有,请 ping 192.168.100.10,然后再到开发机上去 ping 192.168.1.254 看有无响应,确认设置是否成功。既然内部保护网络已经可以连上 Internet,那么是否代表开发机可以直接与一般员工的网域(如客户机)进行联机呢?这里依旧通过路由规则来探讨一下,当开发机要直接联机到客户机时,联机方向是这样的:

(1)联机发起:开发机→内网路由器(OK)→客户机(OK)。

(2)回应联机:客户机(联机目标为 192.168.100.10,因为并没有该路由规则,因此联机丢给 default gateway,即外网路由器)→外网路由器(OK)→内网路由器(OK)→开发机。联机发起是没有问题的,不过响应联机会通过外网路由器来完成。这是因为客户机与当初的外网路由器一样,并不知道 192.168.100.0/24 在 192.168.1.100 里面。不过,外网路由器已经知道该网域在内网路由器内,所以,该封包还是可以顺利地回到开发机。

(3)让客户机与开发机不通过外网路由器的沟通方式。

如果不想要让客户机通过外网路由器才能够联机到开发机,就要与外网路由器相同,增加一条路由规则。如果是 Linux 的系统,如同外网路由器的设置如下:

```
[root@ workstation ~]# vim /etc/sysconfig/network-scripts/route-eth0
192.168.100.0/24 via 192.168.1.100 dev eth0
[root@ workstation ~]# /etc/init.d/network restart
[root@ www ~]# route -n
Kernel IP routing table
Destination     Gateway         Genmask         Flags  Metric  Ref  Use Iface
192.168.1.0     0.0.0.0         255.255.255.0   U      0       0    0 eth0
192.168.100.0   192.168.1.100   255.255.255.0   UG     0       0    0 eth0
169.254.0.0     0.0.0.0         255.255.0.0     U      0       0    0 eth0
0.0.0.0         192.168.1.254   0.0.0.0         UG     0       0    0 eth0
```

最后只要开发机使用 ping 可以连到客户机,同样如果客户机也可以 ping 到开发机,就表示设置是正确的。通过这样的设置方式,可知,"路由是双向的,必须要了解出去的路由与回来时的规则"。例如,在默认情况下(外网路由器与客户机都没有额外的路由设置时),其实封包是可以由开发机联机到客户机的,但是客户机却没有相关的路由可以响应到开发机。所以,才会要求在外网路由器或者客户机上设置额外的路由规则。

大开眼界

(1)ifconfig 命令:临时生效,重启服务后失效。
(2)nm-connection-editor:图形界面网络设置工具,需要安装图形界面才能使用。
(3)nmtui:又一款图形界面的配置工具,不需要安装图形界面也能使用。
(4)直接创建或修改网络配置文件:文件位置/etc/sysconfig/network-scripts/ifcfg-XXXX 一般和网卡同名,比较便于识别。

任务小结

Linux 网络支持非常多的协议,提供内核所需功能。配置网络分为临时性配置和永久性配置。路由的最大的功能就是在帮助用户规划网络封包的传递方式与方向。路由器的架设有一套非常规范的技术流程。

任务二 浅析 RPM 与 YUM

任务描述

作为 Linux 系统工程师,经常需要对系统中的软件进行增减,本任务旨在让用户掌握 Linux 中软件安装配置的各种方法。

任务目标

- 了解 RPM 包的使用方法。

- 掌握 YUM 的配置。
- 掌握 YUM 仓库的管理以及使用 YUM 安装配置软件。

任务实施

RPM 是一个开放的软件包管理系统，最初的全称是 Red Hat Package Manager。RPM 最大的优点在于它提供快速安装功能，减少了编译安装的侦错困扰。在 RHEL/CentOS 中升级和安装系统通常使用 YUM 命令，它可以很好地解决包的依赖性问题，即自动安装/处理依赖的其他软件包，文件/etc/yum.conf 存放了 YUM 的基本配置参数，即"主配置"。

管理 RPM 包

一、管理 RPM 包

（一）RPM 概述

1. RPM 的定义

RPM（RPM Package Manager，RPM 软件包管理器）是一个开放的软件包管理系统，是公认的 Linux 软件包管理标准。RPM 基于 GPL（通用公共许可证）协议。由 RPM 社区负责维护，可以从 RPM 的官方网站获取最新的信息。

2. RPM 的功能

RPM 具有以下五大功能：

(1)安装：解压软件包，并且将软件包安装到硬盘。

(2)卸载：将软件从硬盘中卸载清除。

(3)升级：使用新的软件版本替换旧版本。

(4)查询：查询软件包的信息。

(5)验证：检验系统中的软件与包中软件的区别。

3. RPM 包的名称格式

RPM 包的名称有其特有的格式，如某软件的 RPM 包名称由如下部分组成：

```
name-version.type.rpm
```

(1)name：软件的名称。

(2)version：软件的版本号。

(3)type：包的类型。

(4)rpm：文件扩展名。

4. 获得 RPM 软件包

(1)从发行套件的光盘镜像中查找。

(2)从软件的主站点查找下载。

(3)从其他网站查找下载。

(二)RPM 命令的使用

1. RPM 命令格式

在 RHEL/CentOS 中升级和安装系统通常使用 YUM 命令,因为它可以很好地解决包的依赖性问题,即自动安装/处理依赖的其他软件包。但是,RPM 命令在某些情况下还是能发挥很好的作用的。例如,查询包信息,安装或卸载一个不在 CentOS 软件库中的 .rpm 包等。

RPM 的完整语法参见 RPM 命令手册,下面只列出常见的命令格式,见表 3-2-1。

表 3-2-1　RPM 常见的命令格式

命　令	说　明
rpm -i <.rpm file name>	安装指定的 .rpm 文件
rpm -U <.rpm file name>	用指定的 .rpm 文件升级同名包
rpm -e <package-name>	删除指定的软件包
rpm -q <package-name>	查询指定的软件包在系统中是否安装
rpm -qa	查询系统中安装的 RPM 软件包
rpm -qf </path/to/file>	查询系统中指定文件所属的软件包
rpm -qi〈package-name〉	查询一个已安装软件包的描述信息
rpm -ql <package-name>	查询一个已安装软件包中所包含的文件
rpm -qc <package-name>	查看一个已安装软件包的配置文件位置
rpm -qd <package-name>	查看一个已安装软件包的文档安装位置
rpm -q -whatrequires <package-name>	查询依赖于一个已安装软件包的所有 RPM 包
rpm -q -requires <package-name>	查询一个已安装软件包的依赖要求
rpm -q -scripts <package-name>	查询一个已安装软件包的安装、删除脚本
rpm -q -conflicts <package-name>	查询与一个已安装软件包相冲突的 RPM 包
rpm -q -obsoletes <package-name>	查询一个已安装软件包安装时删除的被视为"废弃"的包
rpm <\ -changelog <package-name>	查询一个已安装软件包的变更日志
rpm -V <package-name>	校验指定的软件包
rpm -Vf </path/to/file>	校验包含指定文件的软件包
rpm -Vp <.rpm file name>	校验指定的未安装的 RPM 文件
rpm -Va	校验所有已安装的软件包
rpm -rebuilddb	重建系统的 RPM 数据库,用于不能安装和查询的情况
rpm -import <key file>	导入指定的签名文件
rpm -Kv -nosignature <.rpm file name>	检查指定的 RPM 文件是否已损坏或被恶意篡改(验证包的 MD5 校验)
rpm -K <.rpm file name>	检查指定 RPM 文件的 GnuPG 签名

2. RPM命令使用举例

```
//1.1 安装本地软件包
# rpm -ivh /media/cdrom/CentOS/elinks-0.11.1-5.1.el5.i386.rpm
Preparing... ################## 纠##### [ 100% ]
delinks          ####################################### [ 100% ]
//1.2 安装远程软件包
# rpm -ivh http://mirror.163.eom/centos/5/os/i386/CentOS/elinks-0.11.1-5.1.el5.i386.rpm
Preparing... ###### //################################## [100%]
1:elink$         ####################################### [100%]
//2.1 从本地文件升级软件包
# rpm -Uvh elinks-0.11.1-5.1.0.1.el5.i386.rpm
Preparing… ####################################### [100%]
1:elinks         ####################################### [100%]
//2.2 从远程文件升级软件包
# rpm
-Uvh http://mirror.163.com/centos/5/updates/i386/RPMS/elinks-0.11.1-5.1.0.1.el5.i386.rpm
Preparing... ####################################### [ 100% ]
1:elinks         ####################################### [100%]
//3. 卸载软件包
# rpm -e elinks
//4.1 查询 elinks 软件包在系统中是否安装
$ rpm -q elinks
//4.2 查询系统中已安装的 elinks 软件包的描述信息
$ rpm -qi elinks
//4.3 查询系统中已安装的 elinks 软件包中所包含的文件
$ rpm -qi elinks
//4.4 查询系统中文件 /etc/passwd 所属的软件包
S rpm -qf /etc/passwd
//4.5 查询 elinks-0.11.1-5.1.0.1.el5.i386.rpm 包文件中的信息
$ rpm -qp elinks-0.11.1-5.1.0.1.el5.i386.rpm
//4.6 查询系统中已经安装的所有名字中包含 php 的软件包
$ rpm -qa | grep php
//4.7 显示已安装的所有软件包(后安装的先显示)
$ rpm -qa -last
//4.8 按从小到大的顺序显示所有已经安装的软件包
$ rpm -qa -qf "%{size}%{name}.%{arch}\n" | sort -n
//4.9 查询当前已安装的软件包由哪些供应商提供
$ rpm -qa -qf "%{vendor}\n"|sort|uniq
//4.10 查询已经安装的由 remi 供应商提供的软件包
$ rpm -qa -qf "%{vendor}\t-> \t%{name}.%{arch}\n" |grep -i remi
//4.11 查询 httpd 包的最低依赖要求
$ rpm -qR httpd
//4.12 查询所有的 GPG 公钥信息
# rpm -q gpg-pubkey -qf "%{summary} =>%{version}-%{release}\n"
#
//5.1 验证 elinks 软件包
# rpm -V elinks
```

```
//5.2 验证包含文件/etc/passwd 的软件
# rpm -Vf /etc/passwd
//5.3 验证 elinks-0.11.1-5.1.0.1.el5.i386.rpm 文件
# rpm -Vp elinks-0.11.1-5.1.0.1.el5.i386.rpm
//5.4 检查 rpmdb 数据库解决依赖关系以及包冲突
# rpm -Va -nofiles -nomd5
//5.5 验证所有已安装的软件包
# rpm -Va
```

rpm -Va 指令可以用来验证已经安装的软件包或文件,如果校验一切正常,将没有输出;反之,则输出不一致结果。

【案例】验证 httpd 软件包。

```
//1. 安装 httpd 服务
# yum -install httpd
...
# rpm -Va httpd
//2. 修改 httpd 配置文件,添加一个空行
# vi /etc/httpd/conf/httpd.conf
//3. 执行 rpm -Va,再次验证
# rpm -Va httpd
S.5....t.   c /etc/httpd/conf/httpd.conf
//通过以上输出信息可以分析出 httpd 软件包的 httpd.conf 配置文件变动过
```

以上案例中,第一次安装 httpd 软件包后,执行 rpm -Va httpd 进行验证,系统未输出任何信息,表明软件包没修改过。随后修改了 httpd 配置文件,添加了一个空行,再次验证后输出了验证结果信息。

S.5....t.   c /etc/httpd/conf/httpd.conf 前面的 8 个比特信息标识验证结果,c 表示这是个配置文件,最后是文件名。

验证内容中的 8 个信息:

S:文件大小是否改变。

M:文件的类型或文件的权限是否被改变。

5:文件 MD5 校验和是否改变(可以看成文件内容是否改变)。

D:设备的主从代码是否改变。

L:文件路径是否改变。

U:文件的属主(所有者)是否改变。

G:文件的属组是否改变。

T:文件的修改时间是否改变。

二、掌握 YUM 基础知识及配置方法

(一)使用 YUM 的原因

Linux 系统维护中令管理员最头疼的就是软件包之间的依赖性,往往是用

创建本地
YUM 仓库

户要安装 A 软件,但是编译时提示 A 软件安装之前需要 B 软件,而当安装 Y 软件时,又提示需要 Z 库,好不容易安装好 Z 库,发现版本还有问题等。由于历史原因,RPM 软件包管理系统对软件之间的依存关系没有内部定义,导致安装 RPM 软件时经常出现令人无法理解的软件依赖问题。

开源社区早就对这个问题尝试进行解决,并随不同的发行版推出了各自的工具,如 Yellow Dog 的 YUM(Yellow dog Updater,Modified)、Debian 的 APT(Advanced Packaging Tool)等。开发这些工具的目的都是为了解决安装 RPM 时的依赖性问题,而不是额外再建立一套安装模式。这些软件也被开源软件爱好者逐渐移植到别的发行版上。目前 YUM 是 Red Hat/CentOS/Fedora 系统上默认安装的更新系统。

(二)YUM 的定义

YUM 起初是由 Terra Soft 研发,用 Python 编写,那时称为 YDU(Yellow Dog Updater),后经杜克大学的 Linux@Duke 开发团队进行改进,遂有此名。

YUM 的宗旨是自动化地升级、安装/移除 RPM 包,收集 RPM 包的相关信息,检查依赖性并自动提示用户解决。YUM 具有如下特点:

(1)自动解决包的依赖性问题,能更方便地添加/删除/更新 RPM 包。
(2)便于管理大量系统的更新问题。
(3)可以同时配置多个仓库。
(4)简洁地配置文件(/etc/yum.conf)。
(5)保持与 RPM 数据库的一致性。
(6)有一个比较详细的日志,可以查看何时升级、安装了什么软件包等。
(7)使用方便。

(三)YUM 组件

(1)YUM 命令:通过 YUM 命令执行 YUM 提供的众多功能。
(2)YUM 插件:官方或者第三方开发的 YUM 插件,对 YUM 功能进行扩展。
(3)YUM 仓库:包含了众多 RPM 文件数据。YUM 仓库数据必须包含 RPM Header,Header 包括 RPM 包的各种信息,如描述、功能、提供的文件、依赖性等。
(4)YUM 缓存:YUM 客户端从 YUM 仓库下载的文件默认被缓存在/var/cache/yum 目录中。可以通过对 YUM 配置文件的修改来配置 YUM 的缓存设置。

(四)配置 YUM

1. 主配置文件

YUM 的基本配置参数存放在 YUM 主配置文件/etc/yum.conf 中,以下是默认配置。

```
[main]
cachedir=/var/cache/yum/$ basearch/$ releasever   #YUM缓存目录
keepcache=0   #设置是否保持缓存(包括仓库数据和RPM)。1:保存;0:不保存
debuglevel=2   #设置调试级别(0~10),数值越高记录的信息越多
logfile=/var/log/yum.log   #设置日志文件路径和名称
Distroverpkg=redhat-release   #指定发行版的软件包名称
```

```
tolerant=1      #设置允许 YUM 在出现错误时继续运行,如不需要更新的程序包
exactarch=1     #设置更新时是否允许更新不同版本的 RPM 包,设置为 1 表示精确匹配,此时,不允许
                #更新不同版本的 RPM 包
obsoletes=1     #设置是否允许更新陈旧的 RPM 包
gpgcheck=1      #设置校验软件包的 GPG 签名
plugins=1       #默认开启 YUM 的插件使用
# Metadata_expire=90m    #设置仓库数据的失效时间,默认为关闭状态
installonly_limit=5      #设置允许保留多少个内核包
#  in /etc/yum.repos.d   #默认关闭
reposdir=/etc/yum.repos.d  #指定仓库配置文件的目录,此为默认值
```

2. 仓库配置文件

YUM 使用仓库配置文件(/etc/yum.repos.d/*.repo)来配置仓库的镜像站点和地址等配置信息。CentOS 7.x 系统安装部署完成后,默认包含如下两个文件:

(1)CentOS-Base.repo:远程仓库配置文件。

(2)CentOS-Media.repo:本地仓库配置文件。

.repo 文件的配置语法如下:

```
[repositoryid]
name=Some name for this repository
baseurl=url://server1/path/to/repository/
url://server2/path/to/repository/
url://server3/path/to/repository/
mirrorlist=url://path/to/mirrorlist/repository/
enabled=0/1
gpgcheck=0/1
gpgkey=A URL pointing to the ASCII-armoured GPG key file for the repository
```

①repositoryid:定义一个唯一的仓库 ID。

②name:为仓库指定一个易于阅读、理解的名称。

③baseurl:指定仓库的 URL 地址,包括 http、ftp、file 类型。

- http:指定远程 HTTP 协议的源。
- ftp:指定远程 FTP 协议的源。
- file:本地镜像或 NFS 挂载的文件系统。

④mirrorlist:指定仓库的镜像站点。

⑤enabled:指定是否使用本仓库,默认值为 1,即可用。

⑥gpgcheck:指定是否检查软件包的 GPG 签名。

⑦gpgkey:指定 GPG 签名文件的 URL。

mirrorlist 或 baseurl 中指定多个 URL 时,系统将从镜像站点中选择最近的镜像仓库;安装 yum-fastestmirror 插件时,系统会选择最快的镜像站点而非最近的。

```
# yum -y install yum-fastestmirror
```

3. 设置网络更新源

受网络出口影响,国内用户可以使用国内的镜像源,以加快软件包的安装、部署和更新。

(1)国内部分 CentOS 镜像站点:阿里云、网易、搜狐、北京理工大学、重庆大学。

(2)配置仓库配置文件有两种方法:

可以直接下载镜像站点提供的仓库配置文件,如 http://mirrors.xxxxxx.com/repo/CentOS-7.repo。

```
//进入 repo 仓库配置文件目录
# cd /etc/yum.repos.d/
//备份旧的配置文件
# mv CentOS-Base.repo CentOS-Base.repo.bakup
//下载 repo 仓库配置文件
# wget http://mirrors.xxxxxx.com/repo/CentOS-7.repo
```

如果镜像站点没有提供仓库配置文件,可以直接编辑配置文件。例如,要使用重庆大学的仓库,可以执行如下步骤:

```
# cd /etc/yum.repos.d/
# mv CentOS-Base.repo CentOS-Base.repo.orig
# cp CentOS-Base.repo.orig CentOS-Base-cqu.repo
# sed -i "s/mirror.centos.org /https://mirrors.cqu.edu.cn/g" CentOS-Base-cqu.repo
# sed -i "s/mirrorlist  /# mirrorlist/g" CentOS-Base-cqu.repo
# sed -i "s/# baseurl  /baseurl/g" CentOS-Base-cqu.repo
```

可以使用安装光盘作为更新源,下面是 CentOS-Media.repo 的配置实例。

```
[c7-media]
name=CentOS 7 Linux
file:///media/cdrom/
gpgcheck=1
enabled=1
gpgkey=file:///media/cdrom/RPM-GPG-KEY-CentOS-7
```

4. 使用非官方更新源

Linux 系统除了官方更新源之外,还有非官方更新源。官方更新源由官方团队更新、监督管理和审核;非官方更新源则是由第三方更新提供。常用的非官方仓库见表 3-2-2。

表 3-2-2 常用的非官方仓库

仓库名	仓库描述
epel	企业版 Linux 的额外软件包
remi	Remi 的 RPM 存储库
elrepo	ELRepo 社区企业 Linux 存储库
rpmfusion	RPM Fusion 存储库
PostgreSQL	PostgreSQL 存储库
vmware-tools	vmware-tools 存储库

三、掌握 YUM 命令

(一)YUM 命令语法

常用的 YUM 命令见表 3-2-3。

表 3-2-3　常用的 YUM 命令

命令功能	yum 命令
列出所有可更新的软件清单	yum check-update
更新所有软件包	yum update
仅安装指定的软件包	yum install <package_name>
仅更新指定的软件包	yum update <package_name>
列出所有可安装的软件清单	yum list
删除软件包	yum remove <package_name>
查找软件包	yum search <keyword>
清除缓存目录下的软件包	yum clean packages
清除缓存目录下的 headers	yum clean headers
清除缓存目录下旧的 headers	yum clean oldheaders
清除缓存目录下的软件包及旧的 headers	yum clean

(二)YUM 命令工具使用举例

```
# 卸载已经安装的 net-tools 软件包
[root@ master ~]# yum remove net-tools
已加载插件:fastestmirror
正在解决依赖关系
--> 正在检查事务
---> 软件包 net-tools.x86_64.0.2.0-0.24.20131004git.el7 将被删除
--> 解决依赖关系完成
依赖关系解决

================================================================
Package          架构          版本              源          大小
================================================================
正在删除:
net-tools     x86_64    2.0-0.24.20131004git.el7    @ Centos7    918 KB
事务概要
================================================================
移除  1 软件包
安装大小:918 KB
是否继续?[y/N]:
是否继续?[y/N]:y
Downloading packages:
Running transaction check
Running transaction test
Transaction test succeeded
```

```
Running transaction
正在删除:net-tools-2.0-0.24.20131004git.el7.x86_64         1/1
验证中:net-tools-2.0-0.24.20131004git.el7.x86_64           1/1
删除:
  net-tools.x86_64 0:2.0-0.24.20131004git.el7
完毕!
# 安装 net-tools 软件包
[root@ master ~]# yum install net-tools
已加载插件:fastestmirror
Loading mirror speeds from cached hostfile
正在解决依赖关系
--> 正在检查事务
---> 软件包 net-tools.x86_64.0.2.0-0.24.20131004git.el7 将被安装
--> 解决依赖关系完成
依赖关系解决
================================================================
Package         架构       版本                       源        大小
================================================================
正在安装:
net-tools       x86_64    2.0-0.24.20131004git.el7   Centos7   306 KB
事务概要
================================================================
安装  1 软件包
总下载量:306 KB
安装大小:918 KB
Is this ok [y/d/N]: y
Downloading packages:
Running transaction check
Running transaction test
Transaction test succeeded
Running transaction
  正在安装   : net-tools-2.0-0.24.20131004git.el7.x86_64        1/1
  验证中     : net-tools-2.0-0.24.20131004git.el7.x86_64        1/1
已安装:
  net-tools.x86_64 0:2.0-0.24.20131004git.el7
完毕!
```

四、管理 YUM 仓库

(一)库管理概述

一线工程应用中通常有大量的服务器需要安装、部署和更新。为了加快更新并减少对公网数据流量的依赖,可以在本地部署 YUM 服务器提供服务。架设 YUM 服务器,首先需要在本地镜像远程仓库,再通过 HTTP/FTP 进行服务分享。

(二)创建本地 YUM 仓库

1. 搭建 YUM 本地仓库

在主机集群部署过程中,由于网络等原因,需要部署本地 YUM 源,下面将以 CentOS 镜像文件为例手动搭建本地 YUM 源。

(1)上传镜像文件:将 CentOS-7-x86_64-DVD-1810.iso 镜像文件上载到主机 /opt/tools 目录。

(2)手动创建本地仓库 :从 CentOS 安装盘创建本地仓库。

```
//创建挂载点目录
# mkdir /opt/tools/CentOS
//将光盘映像文件到挂载点目录
# mount -o loop CentOS-7-x86_64-DVD-1810.iso /opt/tools/CentOS/
//创建仓库目录
# mkdir -p /var/ftp/yum/distr/centos/7/os/x86/
# cd /var/ftp/yum/distr/centos/7/os/x86/
//将光盘的 CentOS 目录复制到仓库目录
# rsync -a /opt/CentOS-7/CentOS
//卸载光盘映像文件
# umount /mnt/dvd
```

创建 repo 配置文件:

```
//进入 repo 配置目录
# cd /etc/yum.repos.d
//备份系统原有的 repo 文件
# mkdir bak
# mv *.repo ./bak
//创建 local.repo 配置文件
# vi local.repo
[Centos7]
name=Centos7.0
baseurl=file:///var/ftp/yum/distr/centos/7/os/x86/
enabled=1
gpgcheck=0
```

大开眼界

基于光盘配置本地 YUM 仓库使用得非常频繁。

安装配置 OpenStack 服务平台,从官方网站下载 ISO 镜像文件,配置 YUM 源后即可进行本地安装。

任务小结

完成本任务后,可掌握如何用 RPM 管理系统中的软件包,同时,也能够通过 YUM 更新或者安装系统中的各种软件包。这部分需要着重理解,同时,多上机实验、多操作、多试错,对于熟练掌握这一基础知识有重要作用。

任务三　浅析进程管理

任务描述

在操作系统的运行过程中，会不断有进程被新建和结束，操作系统给软件提供了运行环境，而软件在系统中都是以进程的方式来运行。因此，进程管理是每个系统工程师都需要熟练掌握的技能。

任务目标

(1) 了解进程的概念。
(2) 掌握进程的管理和作业控制。
(3) 了解 systemd 以及周期性任务的配置方法。

管理 Linux 进程

任务实施

建立进程(process)是为了提高系统的资源利用率和吞吐量。进程分为交互进程、批处理进程、守护进程。可通过手动启动或进程调度实现进程的启动；使用 ps 命令查看进程的运行状态，使用 kill 命令结束进程的运行状态。通过作业调度实现进程挂起或重新启动进程恢复运行；在后台的守护程序(daemon)执行的进程即守护进程，其中 Xinetd 就是新一代的网络守护进程服务程序。systmed 是一个用户空间的程序，属于应用程序。厂商可以自由改变用户空间的应用程序。内核加载启动后，第一个进程就是初始化进程。可以通过 cron 守护进程唤醒指定用户、指定时间的程序。

一、了解进程的概念

进程是系统中的程序关于某数据集合上的一次运行活动，是系统进行资源分配和调度的基本单位，是操作系统结构的基础。

(一) Linux 中的进程

Linux 系统中每一个进程都有一个 PID(process ID,唯一进程标识符)。init 是系统启动后的第一个进程，init 的 PID 是 1，由内核直接启动运行的进程。

Linux 系统启动之后，init 进程创建 login 进程，login 进程是 init 进程的子进程。用户登录系统后，login 进程会为用户启动 Shell 进程。

每个进程还有另外四个识别号：RUID(real user ID,实际用户识别号)、RGID(Real Group ID,实际组识别号)、EUID(effect user ID,有效用户识别号)和 EGID(effect group ID,有效组识别号)。

RUID 和 RGID 用来识别正在运行此进程的用户和组，即运行此进程的用户的 UID 和 GID。

EUID 和 EGID 用来确定一个进程对其访问的文件的权限和优先权,一般 EUID 和 EGID 与 RUID 和 RGID 相同。如果程序设置了 SUID 或 SGID 权限,则此进程相应的 EUID 和 EGID 将与运行此进程的文件的所属用户的 UID 或所属组的 GID 相同。

(二)进程的类型

Linux 系统中的进程可分为三种不同的类型:
(1)交互进程:以交付方式启动的进程。交互进程既可运行在前台,也可在后台执行。
(2)批处理进程:提交到等待队列中批量顺序执行的进程。
(3)守护进程:在 Linux 启动时初始化,驻守于后台的进程。

(三)进程的启动方式

启动进程的方式有两种:手工启动和调度启动。

1. 手工启动

由用户输入命令直接手工启动,手工启动可以在前台或后台启动。

2. 调度启动

根据实际需求,设置调度策略让进程自行启动运行。

二、掌握进程管理和作业控制

(一)查看系统中的进程

1. ps 命令

ps 命令可以查看进程,使用该命令可以查看进程列表、进程的执行状态、确认进程是否结束、进程有没有僵死、哪些进程占用了过多的系统资源等。ps 命令的格式如下:

```
# ps[选项]
```

ps 命令的常用选项见表 3-3-1。

表 3-3-1 ps 命令的常用选项

命令选项	选项说明	命令选项	选项说明
a	显示所有进程	f	显示进程树
e	显示环境变量	w	宽行输出
u	显示用户名和启动时间等信息	-e	显示所有进程
x	显示没有控制终端的进程	-f	显示全部

例如,ps 命令应用案例。

```
//显示系统全部进程
[root@ master ~]# ps -ef
UID    PID  PPID  C STIME TTY      TIME CMD
root     1    0   0 6月22 ?     00:00:03 /usr/lib/systemd/systemd --system --deserialize 24
root     2    0   0 6月22 ?     00:00:00 [kthreadd]
```

```
root     3    2         0 6月 22 ?        00:00:01 [ksoftirqd/0]
root     5    2         0 6月 22 ?        00:00:00 [kworker/0:0H]
root     7    2         0 6月 22 ?        00:00:00 [migration/0]
root     8    2         0 6月 22 ?        00:00:00 [rcu_bh]
root     9    2         0 6月 22 ?        00:00:01 [rcu_sched]
root    10    2         0 6月 22 ?        00:00:00 [watchdog/0]
root    12    2         0 6月 22 ?        00:00:00 [kdevtmpfs]
root    13    2         0 6月 22 ?        00:00:00 [netns]
//查看hadoop用户的进程信息
[root@ master ~]#  ps -u hadoop
[root@ master ~]#  ps -u hadoop
  PID TTY          TIME CMD
```

2. pidof 命令

pidof 命令可以通过运行的程序名来查找进程识别号（PID）。例如：

```
[root@ master ~]#  pidof sshd
54202 54200 54010 54008 14141
```

（二）杀死系统中的进程

终止程序运行通常可以结束该程序产生的进程。当程序无法正常终止时，可以通过 kill 命令杀死进程以及该进程的所有子进程，来结束程序的运行。

kill 命令的语法结构如下：

```
kill [-s 信号声明 | -n 信号编号 | -信号声明] 进程号 | 任务声明... 或 kill -l [信号声明]
```

例如：

```
[root@ master ~]#  kill -l
 1) SIGHUP        2) SIGINT        3) SIGQUIT       4) SIGILL        5) SIGTRAP
 6) SIGABRT       7) SIGBUS        8) SIGFPE        9) SIGKILL      10) SIGUSR1
11) SIGSEGV      12) SIGUSR2      13) SIGPIPE      14) SIGALRM      15) SIGTERM
16) SIGSTKFLT    17) SIGCHLD      18) SIGCONT      19) SIGSTOP      20) SIGTSTP
21) SIGTTIN      22) SIGTTOU      23) SIGURG       24) SIGXCPU      25) SIGXFSZ
26) SIGVTALRM    27) SIGPROF      28) SIGWINCH     29) SIGIO        30) SIGPWR
31) SIGSYS       34) SIGRTMIN     35) SIGRTMIN+1   36) SIGRTMIN+2   37) SIGRTMIN+3
38) SIGRTMIN+4   39) SIGRTMIN+5   40) SIGRTMIN+6   41) SIGRTMIN+7   42) SIGRTMIN+8
43) SIGRTMIN+9   44) SIGRTMIN+10  45) SIGRTMIN+11  46) SIGRTMIN+12  47) SIGRTMIN+13
48) SIGRTMIN+14  49) SIGRTMIN+15  50) SIGRTMAX-14  51) SIGRTMAX-13  52) SIGRTMAX-12
53) SIGRTMAX-11  54) SIGRTMAX-10  55) SIGRTMAX-9   56) SIGRTMAX-8   57) SIGRTMAX-7
58) SIGRTMAX-6   59) SIGRTMAX-5   60) SIGRTMAX-4   61) SIGRTMAX-3   62) SIGRTMAX-2
63) SIGRTMAX-1   64) SIGRTMAX
```

向进程发出的进程信号（signal）可以使用数字、英文全称或者英文简称。常用信号见表 3-3-2。

表 3-3-2　常用信号

信　号	数　值	用　　途
SIGHUP	1	从终端发出的结束信号
SIGINI	2	等同于从键盘上发出(Ctrl＋C)组合键
SIGKILL	9	强行杀死进程
SIGTERM	15	默认终止进程
SIGCHLD	17	子进程终止或结束
SIGCONT	18	恢复暂停的进程继续运行
SIGSTOP	19	暂停一个进程

终止进程需要知道该进程的 PID。例如，sshd：root@pts/2 进程死锁，无法正常运行，也无法关闭，可以进行如下操作。

(1)找到服务对应进程的 PID：

```
[root@ master ~]#  ps -ef |grep sshd:root@pts/2
root        54265  54204  0 07:53 pts/2    00:00:00 grep --color= auto sshd:root@ pts/2
```

(2)杀死进程：

```
[root@ master ~]#  kill 54204
```

如果 kill 命令没有能够杀死进程，可以用信号 9。

```
kill -9 54204
```

(3)kill all 命令：

在 kill all 命令后面指定要杀死进程的命令名称。

例如，要杀死所有 ftp 服务的进程，操作如下：

```
# kill all -9 ftp
```

(三)作业控制

1. 作业控制的概念

作业控制是控制当前正在运行的进程的行为，也称为进程控制。例如，用户可以挂起正在使用 vi 编辑配置文件的进程，运行其他进程，稍后再恢复 vi 编辑进程继续运行。

作业控制的常用命令见表 3-3-3。

表 3-3-3　作业控制的常用命令

作业控制(快捷键)	功能说明
cmd &	将该命令放到后台运行
Ctrl＋c	终止正在前台运行的进程
Ctrl＋z	挂起正在前台运行的进程
jobs	显示后台作业和被挂起的进程
bg	在后台恢复运行被挂起的进程
fg	在前台恢复运行被挂起的进程

2. 作业控制举例

例如，作业控制命令使用案例。

```
//1. 列出所有正在运行的作业
[root@ master ~]# jobs
[root@ master ~]# sleep 100000
//执行 Ctrl+ Z 挂起进程
^Z
[1]+ 已停止              sleep 100000
[root@ master ~]# sleep 200000
//执行 Ctrl+ Z 挂起进程
^Z
[2]+ 已停止              sleep 200000
[root@ master ~]# sleep 50000 &
[3] 54312
[root@ master ~]# ls -al > process.log
//2. 查看所有正在运行的作业
[root@ master ~]# jobs
[1]- 已停止              sleep 100000
[2]+ 已停止              sleep 200000
[3] 运行中               sleep 50000 &
//默认作业（以+ 标识）
[root@ master ~]# kill %+
[2]+ 已停止              sleep 200000
[root@ master ~]#
```

（四）守护进程

1. 守护进程的概念

Linux 系统提供运行在后台的守护程序，即守护进程。通常，这些后台守护程序在系统开机后就启动，监听前台客户的服务请求，并提供各种服务。

守护进程按照服务类型可以分为：

（1）系统守护进程：cron、syslogd 等。

（2）网络守护进程：vsftpd、httpd、sshd 等。

2. 网络守护进程

网络守护进程在后台执行，打开一个特定的端口，等待客户连接。当客户成功申请一个连接时，守护进程就会创建一个子进程来响应此连接，并提供服务，每个守护进程都可以并发处理多个客户端服务请求。

3. 列表显示守护进程

使用 pstree 查看进程树：

```
[root@ master ~]# pstree
systemd─┬─NetworkManager───2*[{NetworkManager}]
        ├─agetty
        ├─auditd───{auditd}
```

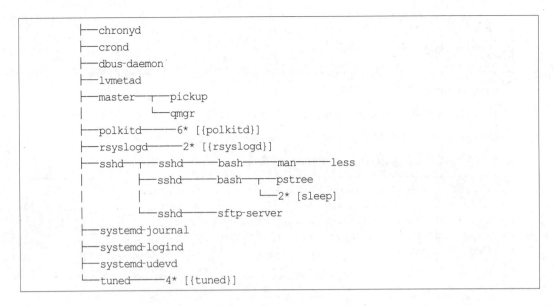

（五）xinetd

1. xinetd 的概念

xinetd 是新一代的网络守护进程服务程序，提供访问控制、加强的日志和资源管理功能。

若当前系统中没有 xinetd，可以使用如下命令安装：

```
[root@ master ~]# yum -y install xinetd
已加载插件:fastestmirror
Loading mirror speeds from cached hostfile
正在解决依赖关系
--> 正在检查事务
---> 软件包 xinetd.x86_64.2.2.3.15-13.el7 将被安装
--> 解决依赖关系完成
依赖关系解决

================================================================
 Package          架构          版本              源          大小
================================================================
正在安装:
 xinetd           x86_64        2:2.3.15-13.el7   Centos7    128 KB

事务概要
================================================================
安装   1 软件包

总下载量:128 KB
安装大小:261 KB
Downloading packages:
Running transaction check
Running transaction test
Transaction test succeeded
Running transaction
  正在安装    : 2:xinetd-2.3.15-13.el7.x86_64                1/1
  验证中      : 2:xinetd-2.3.15-13.el7.x86_64                1/1
```

```
已安装：
  xinetd.x86_64 2:2.3.15-13.el7
完毕！
```

2. xinetd 的配置文件

RHEL/CentOS 系统中，/etc/xinetd.conf 是 xinetd 的主配置文件。另外，每一个由 xinetd 启动的服务在/etc/xinetd.d/目录下都有一个对应的配置文件。

以下是 CentOS 7 默认的/etc/xinetd.conf 文件。

```
# This is the master xinetd configuration file. Settings in the
# default section will be inherited by all service configurations
# unless explicitly overridden in the service configuration. See
# xinetd.conf in the man pages for a more detailed explanation of
# these attributes.
defaults
{
# The next two items are intended to be a quick access place to
# temporarily enable or disable services.
#
#        enabled=
#        disabled=
# Define general logging characteristics.
         log_type=SYSLOG daemon info
         log_on_failure=HOST
         log_on_success=PID HOST DURATION EXIT
# Define access restriction defaults
#
#        no_access=
#        only_from=
#        max_load=0
         cps=50 10
         instances=50
         per_source=10
# Address and networking defaults
#
#        bind=
#        mdns=yes
         v6only=no
# setup environmental attributes
#
#        passenv=
         groups=yes
         umask=002
# Generally, banners are not used. This sets up their global defaults
#
#        banner=
#        banner_fail=
#        banner_success=
}
includedir /etc/xinetd.d
```

defaults{…}项为所有的服务指定默认值。最后一行将加载/etc/xinetd.d目录下的所有配置文件。/etc/xinetd.d目录下的配置文件格式如下：

```
service service-name
{
    <attribute>  <operator>  <value> …
}
```

service-name通常是标准网络服务名称，也可为其他非标准的服务；operator(操作符)可以是=、+=或-=；所有属性可以使用=，其作用是分配一个或多个值。

通过值(value)为属性设置参数，见表3-3-4。

表 3-3-4 为属性设置的参数

属　　性	描　　述
disable	可以设置 yes 和 no，设置 xinetd 是否监控该服务
socket_type	服务套接子类型：stream、dgram、raw 和 seqpacket 等值
protocol	服务使用的在/etc/protocol 配置文件中定义的协议类型
wait	设置一项服务是以单线程还是多线程的方式运行。如果是 yes，则以单线程的方式运行，此时 xinetd 在启动此服务和客户端建立起一个连接后，将不会在接受新的对此服务的连接请求，直到这个连接结束。如果是 no，则以多线程方式运行，xinetd 会在为服务建立起一个连接后，继续处理新的请求
user	设置运行此服务的用户
instances	设置一项服务能够同时提供的服务数量
Per_source	设置每个客户机的最大连接数
server	运行此服务的可执行程序的完整路径名称
Server_args	服务的可执行程序的参数
only_from	设置可以访问此服务的客户地址，可以指定主机名称、IP 地址、网络地址/子网掩码
no_access	设置不允许访问此服务的客户地址，如果此属性和 only_from 属性都没有定义，则默认允许任何客户访问服务；如果这两个属性都定义了，则能更精确地确定客户机地址的属性设置将起作用。例如，在 only_from 中设置了 192.168.，而在 no_access 中设置了 192.168.1.2，则将禁止 192.168.1.2 访问服务
access_timcs	设置一项服务可以被访问的时间段。用 hour:min-hour:min 的形式来指定时间段，hour 的范围是 0～23，min 的范围是 0～59
log_type	设置日志记录的文件，有两种形式，SYSLOG(记录到系统日志中)和 FILE(记录到指定的文件中)
log_on_succcss	设置如果一个连接成功，应在日志中记录那些内容，有以下几个选项：PID(连接进程的 PID)、HOST(远程主机地址)、USERID(远程用户 ID)、URATION(服务会话的持续时间)
log_on_failure	设置如果一个连接失败，应在日志中记录哪些内容
redirect	把一个基于 TCP 的服务重定向到另一台主机之间转发数据包。此属性的值是重定向的 IP 地址和端口。这个设置可用于建立 Internet 上的客户与内部网络的服务器的连接
bind	把一项服务绑定到一个特定的网络接口上，此属性的值为相应网络接口的 IP 地址
cps	对连接频率的限制，有两个值，第一个是每秒的连接次数，如果超过这个次数，则此服务将会被暂时禁用；第二个是禁用此服务的时间，单位是秒

(六)xinetd 配置举例

下面举两个使用 xinetd 实现 Telnet 服务和 TFTP 服务访问控制配置的例子。首先使用 yum 安装这两个服务程序的 RPM,然后再修改其配置文件。

```
# yum -y install telnet-server tftp-server
```

例如,配置 Telnet 服务的访问控制。

```
$ cat /etc/xinetd.d/telnet
service telnet
{
    socket_type=stream
    wait=no
    user=root
    server=/usr/sbin/in.telnetd
    only_from=192.168.100.0/24
    redirect=192.168.1.15 23
    log_on_success+=DURATION HOST USERID
    cps= 10 300
}
```

其中各项说明如下:

(1)only_from:设置了只允许 192.168.100.0/24 网段内的客户进行 Telnet 连接。

(2)redirect:把连接重定向到 192.168.1.15 主机的 23 端口。

(3)log_on_success:设置了将对每一个成功的连接进行日志记录,包括连接的时间、远程主机名和用户的 ID。

(4)cps:设置了每秒对 Telnet 的连接数不能超过 10 次,否则将禁用 5 分钟。

又如,配置 TFTP 服务的访问控制。

```
$ cat/etc/xinetd.d/tfp
service tftp
{
    disable=no
    Socket_type=dgram
    protocol=udp
    wait=yes
    user=root
    server=/usr/sbin/in.tftpd
    Server_args=-s /tftpboot
    cps=1002
    flags=IPv4
    instances=20
    Per_source=1
    access_times=7:00-12:30 13:30-21:00
    only_from=192.168.1.0/24
}
```

其中各项说明如下：

(1)instances：设置最多可以同时建立 20 个 tftp 连接。

(2)per_source：设置每个客户机的最大连接数为 1。

(3)access_times：设置每天只有在 7：00—12：30 和 13：30—21：00 两个时间段允许进行 TFTP 连接。

(4)only_from：设置了 TFTP 服务只对内部网络(192.168.1.0/24)开放。

三、掌握 systemd 的概念组成及运行原理

（一）systemd 的概念

首先 systemd 是一个用户空间的程序，属于应用程序，不属于 Linux 内核范畴。Linux 内核的主要特征在所有发行版中是统一的，厂商可以自由改变用户空间的应用程序。

Linux 内核加载启动后，用户空间的第一个进程就是初始化进程，这个程序的物理文件约定位于/sbin/init，当然也可以通过传递内核参数让内核启动指定的程序。这个进程的特点是进程号为 1，代表第一个运行的用户空间进程。不同发行版采用了不同的启动程序，主要有以下几种主流选择：

(1)以 Ubuntu 为代表的 Linux 发行版采用 upstart。

(2)以 CentOS 7 版本之前为代表的 System V init。

(3)CentOS 7 版本的 systemd。

（二）systemd 物理文件组成

systemd 是一个完整的软件包，由很多物理文件组成。大致分布为：配置文件位于/etc/systemd 目录下；配置工具命令位于/bin 和/sbin 这两个目录下；预先准备的备用配置文件位于/lib/systemd 目录下；还有库文件和帮助手册等。这是一个庞大的软件包。可使用 rpm -ql systemd 查看详情。

首先看一下当前系统/etc/inittab 文件的内容，这个文件是 system V init 的标准配置文件，内容如下：

```
# inittab is no longer used when using systemd.
# ADDING CONFIGURATION HERE WILL HAVE NO EFFECT ON YOUR SYSTEM.
# Ctrl-Alt-Delete is handled by /etc/systemd/system/ctrl-alt-del.target
# systemd uses 'targets' instead of runlevels. By default, there are two main targets:
# multi-user.target: analogous to runlevel 3
# graphical.target: analogous to runlevel 5
# To set a default target, run:
# ln -sf /lib/systemd/system/<target name>.target /etc/systemd/system/default.target
```

这说明在应用 systemd 后，inittab 不再起作用，也没有了"运行级"的概念。现在起作用的配置文件是/etc/systemd/system/default.target 这个文件。此文件的内容如下：

```
# This file is part of systemd.
# systemd is free software; you can redistribute it and/or modify it
```

```
# under the terms of the GNU Lesser General Public License as published by
# the Free Software Foundation; either version 2.1 of the License, or
# (at your option) any later version.
[Unit]
Description=Multi-User System
Documentation=man:systemd.special(7)
Requires=basic.target
Conflicts=rescue.service rescue.target
After=basic.target rescue.service rescue.target
AllowIsolate=yes
[Install]
Alias=default.target
```

systemd 的配置文件扩展名根据配置单元类型的不同而不同,主要有 .service、.target 等。

(三)systemd 运行原理

1. 配置单元

系统初始化要做很多工作,如挂载文件系统启动 sshd 服务、配置交换分区,这都可以看作是一个配置单元,systemd 安装功能可把配置单元分成多种类型:

service 后台服务进程,如 httpd、mysqld 等;socket 对应一个套接字,之后对应到一个 service,类似于 xinetd 的功能;device 对应 udev 规则标记的一个设备;mount 是系统中的一个挂载点,systemd 据此进行自动挂载,为了与 SystemV 兼容,目前 systemd 自动处理 /etc/fstab 并转化为 mount;automount 为自动挂载点;swap 配置交换分区;target 配置单元的逻辑分组,包含多个相关的配置单元,可以当成是 SystemV 中的运行级;timer 为定时器,用来定时触发用户定义的操作,它可以用来取代传统的 atd、crond 等;snapshot 与 target 类似,表示当前的运行状态。

每一个配置单元都有一个对应的配置文件,系统管理员的任务就是编写和维护这些不同的配置文件,例如,一个 MySQL 服务对应一个 mysql.service 文件。

2. 依赖关系

systemd 并不能完全解除各个单元之间的依赖关系,如物理设备单元准备就绪之前,不可能执行挂载单元。为此,需要定义各个单元之间的依赖关系。有依赖的地方就会有出现死循环的可能,例如 A 依赖于 B,B 依赖于 C,C 依赖于 A,就导致死锁。systemd 为此提供了两种不同程度的依赖关系,一个是 require,另一个是 want,出现死循环时,systemd 会尝试忽略 want 类型的依赖,若仍不能解锁,则 systemd 报错。

3. target 和 runlevel

systemd 使用 target 取代了 system V 的运行级的概念,见表 3-3-5。

表 3-3-5　Sysvinit 运行级

Sysvinit 运行级别	Systemd 目标	说　　明
0	runlevel0.target, poweroff.target	关闭系统

续表

Sysvinit 运行级别	Systemd 目标	说 明
1,s,single	runlevel1.target，rescue.target	单用户模式
2,4	runlevel2.target，runlevel4.target，multi-user.target	用户定义/域特定运行级别。默认等同于 3
3	runlevel3.target，multi-user.target	多用户，非图形化。用户可以通过多个控制台或网络登录
5	runlevel5.target，graphical.target	多用户,图形化。通常为所有运行级别 3 的服务外加图形化登录
6	runlevel6.target，reboot.target	重启
emergency	emergency.target	紧急 Shell

在 systemd 中,所有的服务都并发启动,如 Avahi、D-Bus、livirtd、X11、HAL 可以同时启动。例如,网络运维需要同时启动 Avahi 和 syslog 服务。如果 Avahi 启动比较快,而 syslog 还没有准备好,Avahi 需要调用 syslog 服务记录日志,就会出现服务依赖问题。

systemd 的开发人员仔细研究了服务之间相互依赖的本质问题,发现服务依赖大致可以分为三个具体的类型,而每一个类型可以通过相应的技术解除依赖关系。

(1) socket(套接字)依赖。

绝大多数的服务依赖是套接字依赖。例如,服务 A 通过一个套接字端口 S1 提供服务,服务 B 如果需要服务 A,则需要连接 S1。因此如果服务 A 尚未启动,S1 就不存在,服务 B 就会启动错误。因此,需要先启动服务 A,等待它进入就绪状态,再启动服务 B。应用 systemd 时,预先创建 S1,服务 B 就可以启动而无须等待服务 A 来创建 S1。如果服务 A 尚未启动,那么服务 B 向 S1 发送的服务请求就会被 Linux 操作系统缓存,其他进程会在这个请求的地方等待。一旦服务 A 启动就绪,就可以立即处理缓存的请求,一切都开始正常运行。

Linux 操作系统有一个特性,当进程调用 fork 或者 exec 创建子进程之后,所有在父进程中被打开的文件句柄都被子进程所继承。套接字也是一种文件句柄,进程 A 可以创建一个套接字,此后当进程 A 调用 exec 启动一个新的子进程时,只要确保该套接字的 close_on_exec 标志位被清空,那么新的子进程就可以继承这个套接字。子进程看到的套接字和父进程创建的套接字是同一个系统套接字,这个套接字仿佛是子进程自己创建的一样,没有任何区别。

这个特性以前被 inetd 系统服务利用。inetd 进程会负责监控一些常用套接字端口(如 Telnet),当该端口有连接请求时,inetd 才启动 telnetd 进程,并把有连接的套接字传递给新的 telnetd 进程进行处理。当系统没有 Telnet 客户端连接时,就不需要启动 telnetd 进程。Inetd 可以代理很多的网络服务,从而,减轻系统负载,节约内存资源。当有真正的连接请求时才启动相应服务,并把套接字传递给相应的服务进程。

和 inetd 类似,systemd 是所有其他进程的父进程,它可以先建立所有需要的套接字,然后在调用 exec 时将该套接字传递给新的服务进程,而新进程直接使用该套接字进行服务即可。

(2) 解决 D-Bus 依赖。

D-Bus 是一个低延迟、低开销、高可用性的进程间通信机制。用于应用程序之间通信,也用于应用程序和操作系统内核之间的通信。如今,很多服务进程使用 D-Bus 取代套接字作为进程间通信机制,对外提供服务。Linux 网络配置的 NetworkManager 服务就使用 D-Bus 和其他的应用程序或者服务进行交互,如 Evolution 邮件客户端软件可以通过 D-Bus 从 NetworkManager 服务获取网络状态的改变,从而做出相应的处理。

D-Bus 支持"总线激活"功能。如果服务 A 需要使用服务 B 的 D-Bus 服务,而服务 B 并没有运行,则 D-Bus 可以在服务 A 请求服务 B 的 D-Bus 时自动启动服务 B。而服务 A 发出的请求会被 D-Bus 缓存,服务 A 会等待服务 B 启动就绪。利用这个特性,依赖 D-Bus 的服务就可以实现并行启动。

(3)解决文件系统依赖。

系统启动过程中,文件系统相关的活动是最耗时的。例如,挂载文件系统、对文件系统进行磁盘检查、磁盘配额检查等都是非常耗时的操作。在等待这些工作完成的同时,系统处于空闲状态。那些想使用文件系统的服务似乎必须等待文件系统初始化完成才可以启动,但是 systemd 发现这种依赖也是可以避免的。

systemd 参考了 autofs 的设计思路,使得依赖文件系统的服务和文件系统本身初始化两者可以并发工作。autofs 在监测到某个文件系统挂载点真正被访问到的时候才触发挂载操作,这是通过内核 automounter 模块的支持而实现的。例如,一个 open() 系统调用访问 media/cdrom 下的文件,/media/cdrom 尚未挂载,此时 open() 调用被挂起等待,Linux 内核通知 autofs,autofs 执行挂载。控制权返回给 open() 系统调用,并正常打开文件。

systemd 集成了 autofs 的实现,对于系统中的挂载点(如/home),系统准备启动时,systemd 为其创建一个临时的自动挂载点。这时/home 真正的挂载操作还未执行,文件系统检测也还未完成。依赖该目录的进程已经可以并发启动,它们的 open() 操作被内建在 systemd 中的 autofs 捕获,将该 open() 调用挂起(可中断睡眠状态)。然后,等待真正的挂载操作完成,文件系统检测也完成后,systemd 将该自动挂载点替换为真正的挂载点,并让 open() 调用返回。由此,实现了依赖于文件系统的服务和文件系统本身同时并发启动。

对于"/"根目录的依赖还是要串行执行,因为 systemd 存放在"/"之下,必须等待系统根目录挂载好。

对于类似/home 等挂载点,这种并发可以提高系统的启动速度,尤其是当/home 是远程的 NFS 节点,或者是加密盘等,需要耗费较长的时间才可以准备就绪的情况下,并发启动,这段时间,系统可以做更多启动进程的事情,从而缩短了启动时间。

四、安排周期性任务

(一)cron 守护进程

cron 守护进程启动以后,首先会检查 crontab 配置文件:搜索/var/spool/cron 目录,查找以/etc/passwd 文件中的用户名命名的 crontab 文件,被找到的文件将载入内存。例如,一个用户名为 hadoop 的用户,它所对应的 crontab 文件就应该是/var/spool/cron/hadoop。以该用户命名的 crontab 文件存放在/var/spool/cron 目录下。如果 cron 守护进程没有发现 crontab 文件就会进入"休眠"状态,释放系统资源。cron 后台进程占用资源极少。

cron 守护进程的执行不需要用户干预,用户只需在 crontab 文件中设置要执行的时间和命令序列。

(二)配置用户的 cron 任务

1. crontab 命令

每个用户都可以配置自己的 crontab 文件。用户自己的 crontab 文件位于/var/spool/cron/目录,可以使用 crontab 命令进行编辑。

crontab 的命令格式:

```
crontab [-u user] file
crontab [-u user] [-l|-r|-e]
```

第一种格式用于安装一个新 crontab 文件,安装来源是 file 所指的文件,如果使用"_"作为文件名,则使用标准输入作为安装来源。crontab 命令选项见表 3-3-6。

表 3-3-6 crontab 命令选项

crontab 选项	说　　明
-u user	指定具体哪个用户的 crontab 文件将被修改
-l	在标准输出上显示当前的 crontab
-r	删除当前的 crontab 任务
-e	使用 VISUAL 或 EDITER 环境变量指定的编辑器编辑当前的 crontab 文件。当结束编辑离开时,编辑后的文件将自动安装

用户配置新的 crontab 文件时,需要配置来源文件,该文件中的每一行格式为:

```
minute hour day-of-month month-of-year day-of-week [ username] commands
```

每行中都由用空格间隔的七个字段组成,crontab 字段的含义和取值范围见表 3-3-7。

表 3-3-7 crontab 字段的含义和取值范围

crontab 字段	含　　义	取 值 范 围
minute	一小时中的哪一分钟	0～59
hour	一天中的哪个小时	0～23
day-of-month	一月中的哪一天	1～31
month-of-year	一年中的哪个月份	1～12
day-of-week	一周中的哪一天	0～7
username	用指定的用户身份执行命令	
commands	执行的命令(可以是多行命令或者脚本调用)	

2. crontab 用户进程任务举例

```
//1. 执行命令安排 root 用户的 crontab 任务
# crontab -e
//在 vi 中编写 crontab 任务,添加如下行,每月 1 日和 15 日凌晨 1:00 系统进入维护状态,重新启动系统
00 1 1,15 * *   shutdown -r + 10 > /dev/null 2> &1
//每天凌晨的 3 点删除/ftp/incoming/temp 目录下的所有文件
00 03 * * *   rm -rf /ftp/incoming/temp/*
//每天凌晨的 1 点删除/tmp 目录下 7 天没有被修改过的所有子目录
//不包括/tmp 当前目录和 lost+ found 目录
00 01 * * *   find /tmp ! -name • ! -name lost+ found \
-type d -mtime + 7 -exec /bin/rm -rf { }
//每天早上 9 点将/var/log/secure 文件内容发送给 hadoop@ict.com
09 * * *   mail hadoop@ict.com </var/log/secure
//每隔 1 小时将命令 netstat-a 的输出发送给 hadoop@ict.com
0 * /1 * *   netstat -a | mail hadoop@ict.com
//每天 9~20 点开放 samba 服务
09 * * *    service smb start
020 * * *    service smb stop
//每星期六晚上 2:30 查看/home 目录下使用量最大的前五名用户
30 2 * *  0 root du -sh /home/*  | sort -nr | head -5
//2. 使用如下命令检查 crontab 任务
# crontab -l
```

3. 配置 cron 任务的用户

cron 任务受两个文件的限制:/etc/cron.allow 和/etc/cron.deny。

用户配置 cron 任务时,系统会先查找/etc/cron.allow 文件;如果该文件存在,则只有包含在此文件中的用户允许使用 cron。

如果/etc/cron.allow 文件不存在,系统继续查找/etc/cron.deny 文件;如果该文件存在,则只有包含在此文件中的用户禁止使用 cron。

无论 root 是否包含在/etc/cron.allow 文件或/etc/cron.deny 文件中,都可以使用 cron。

/etc/cron.allow 文件和/etc/cron.deny 文件的格式很简单,每行只包含一个用户名,且不能有空格字符。

4. 配置系统 cron 任务

cron 守护进程在查找/var/spool/cron 目录下用户的 crontab 文件时,还会搜索/etc/crontab 文件。该文件是系统安装时设置好的自动安排进程任务的 crontab 文件。

RHEL/CentOS 默认的/etc/crontab 文件内容如下:

```
# cat /etc/crontab
SHELL=/bin/bash PATH=/sbin:/bin:/usr/sbin:/usr/bin
MAILTO=hadoop
HOME=/
# run-parts
01 * * * * hadoop voice-etl /etc/cron.hourly
```

```
0 24 * * * hadoop sms-etl /etc/cron.daily
22 4 * * * hadoop cust-etl /etc/cron.weekly
42 4 1 * * hadoop clean-data /etc/cron.monthly
```

/etc/cron.daily、/etc/cron.monthly、/etc/cron.weekly 和/etc/cron.hourly 是四个目录，分别放置系统每天、每月、每周和每小时要执行的任务的脚本文件。

以第一行任务为例：每小时的第一分钟以 hadoop 用户身份执行程序语音详单数据采集命令，命令参数是/etc/cron.hourly，即执行该目录下的每一个脚本文件。hadoop 用户只需要将每小时执行的任务编写一个脚本放在/etc/cron.hourly 目录下即可。

系统管理员通常无须编辑/etc/crontab 文件，只需要编写/etc/cron.daily、/etc/cron.monthly、/etc/cron.weekly 和/etc/cron.hourly 目录下的脚本文件即可。

当管理员要自己指定周期性任务的执行时间时，可以在/etc/cron.d 目录下创建自己的文件，文件格式需要与用户使用 crontab -e 命令时使用的文件格式一致。

修改了/etc/crontab 文件或/etc/cron.d 目录下的文件后，执行命令 service crond restart 使之生效。

大开眼界

进程的三种基本状态：

（1）就绪状态：进程已获得除 CPU 外的所有必要资源，只等待 CPU 时的状态。一个系统会将多个处于就绪状态的进程排成一个就绪队列。

（2）执行状态：进程已获 CPU，正在执行。单处理机系统中，处于执行状态的进程只一个；多处理机系统中，有多个处于执行状态的进程。

（3）阻塞状态：正在执行的进程由于某种原因而暂时无法继续执行，便放弃处理机而处于暂停状态，即进程执行受阻。这种状态又称等待状态或封锁状态。

任务小结

通过本任务学习，用户能够理解什么是进程，怎样对进程进行操作、管理及作业控制，同时系统基础部分涉及 systemd 和周期性任务的内容。其中，进程概念、启动过程及管理需要重点学习，systemd 概念和运行原理需要理解和掌握，周期性任务安排重在操作实践加深理解。

任务四　浅析服务器安全

任务描述

服务器上往往都运行着十分重要的程序，因此系统安全尤为重要。本任务就是从安全的角度带领大家思考如何尽可能保证系统的正常运行。

📋 任务目标

(1)了解系统安全基础。
(2)了解安全的网络客户工具。

🛰 任务实施

Linux 系统安全是管理基础,在安装系统时就应该考虑使用合理的磁盘布局,而使用默认的磁盘布局时所有的数据存在于根(/)区中这样的布局是很不安全的。提高某些 ext 文件系统的安全性常用 noexec、nodev、nosuid;系统管理员在任何情况下都应以一个普通用户登录系统,需要使用超级管理员权限时使用 sudo 切换;高效网络安全访问 Linux 系统可通过 ssh 协议工具客户端实现。

一、了解系统安全基础

(一)基本的系统安全

1. 磁盘布局和文件系统

(1)磁盘布局。使用默认的磁盘布局时,所有的数据(包括系统程序和用户数据)都保存在根(/)区中,这样的布局是很不安全的。以下是对磁盘布局的一些建议:

- 目录中必须包括/etc、/lib、/bin、/sbin,不在这四个目录上使用独立的分区或逻辑卷。
- 应该根据自己的需要尽量分离数据到不同的分区或逻辑卷,除了/、/boot 和 SWAP 之外。
- 建议创建独立的/usr、/var、/tmp、/var/tmp 文件系统。
- 根据日志管理的需要,创建独立的/var/log、/var/log/audit 文件系统。
- 如果所有的普通用户数据存储在本机,还应该创建独立的/home 文件系统。
- 如果系统对外提供大量服务(如 Web 虚拟主机等),还应该创建独立的/srv 文件系统。
- 如果打算编译安装软件,建议创建独立的/usr/local 文件系统。
- 如果打算安装第三方应用软件,建议创建独立的/opt 文件系统。
- 如果打算在本机以镜像文件方式存储 Xen DomU,建议创建独立的/var/lib/xen/images 文件系统。
- 如果打算在本机以逻辑卷方式存储 Xen DomU,建议创建独立的卷组,例如/dev/xenVG,并预留空间以便创建 Xen DomU 使用的逻辑卷。
- 如果服务系统用来做海量数据存储、海量数据计算,对数据存储和计算所用的文件系统需要独立创建。

(2)设置文件系统挂载参数。为了提高某些 ext 文件系统的安全性,常用的有以下三个挂载参数:

- noexec:不允许在本分区上执行二进制程序,即防止执行二进制程序,但允许脚本执行。

- nodev：不解释本分区上的字符或块设备，即防止用户使用设备文件。
- nosuid：不允许在本分区上执行 SUID/SGID 的访问。

（3）验证重要的文件或目录的权限。当系统安装和初始配置阶段结束之后，接下来就进入了系统维护阶段，在维护阶段管理员应该经常验证重要的文件或目录的权限以提高系统的安全性。

2．软件和服务

（1）软件安装与更新。

在软件安装方面应该注意以下几点：

- 在安装过程中仅仅安装必要的软件包，即尽量避免不必要软件的安装。
- 在已安装的系统中，可以使用 yum list installed 列出已安装的软件包，并可以使用 yum remove PackageName 命令删除指定的软件包。
- 通常服务器无须运行 X 系统，尤其是被托管的服务器。若系统中已经安装了 X 系统，可以使用 yum groupremove "X Window System" 命令将其删除。若系统原来的默认运行级别为 5，还需要修改文件 /etc/inittab 将其改为 3。
- 在系统运行过程中，可以使用 yum install PackageName 命令安装要使用的软件包。
- 发现软件的漏洞之后，修复后的软件包就会发布到相应的软件仓库中。因此，保持系统中软件包的更新极为重要。

为了获知当前有哪些软件包可以更新，可以配置 yum-updatesd 服务的 E-mail 通知，为此需要修改 yum-updatesd 服务配置文件 /etc/yum/yum-cron.conf。修改内容如下：

```
[main]
# how often to check for new updates(in seconds)
run_interval=3600
# how often to allow checking on request(in seconds)
update_refresh=600
# how to send notifications(valid;dbus,email,syslog)
email_via=email
# who to send the email
email_to=hadoop@ict.com
# who send the notifications
email_from=adm@ict.com
# should we listen via dbus to give out update information/check for
# new updates
dbus_listener=yes
# automatically install updates
do_update=no
# automatically download updates
do_download=no
# automatically download deps of updates
do_download_deps=no
```

保存退出之后，执行如下命令启动服务，并修改 INIT 配置脚本使之在启动时运行。

```
# chkconfig yum-updated on
# service yum-updated restart
```

管理员在收到邮件之后,可以使用 yum update 命令进行手动更新。

当然,也可以安排系统的每日或每周 cron 任务直接进行自动更新:

- /etc/cron.daily/yumupdate.sh:用于每日自动更新的脚本。
- /etc/cron.weekly/yumupdate.sh:用于每周自动更新的脚本。

/etc/cron.weekly/yumupdate.sh 脚本内容如下:

```
#!/bin/bash
YUM=/usr/bin/yum
$YUM -y -R 120 -d 0 -e 0 update yum
$YUM -y -R 10 -e 0 -d 0 update
```

(2)关闭不必要的服务。安装尽量少的服务软件,尽可能地关闭不必要的服务守护进程。

- 备份原始服务设置:

```
# LANG=C chkcontlg -list > ~/chkconfig.orig
```

- 检查系统再启动时开启了哪些服务:

```
# LANG=C chkconfig |grep 3:on
```

- 使用如下的命令,关闭指定服务:

```
# service ServiceName stop
# chkconfig ServiceName off
```

- 使用如下脚本配置服务:

```
#!/bin/bash
# /root/bin/stop_services.sh
# 将要停止的服务以空格间隔写入变量 stop_services
stop_services="bluetooth hidd irqbalance rawdevices"
for i in $stop_services; do
echo "disabling $i"
chkconfig $i off
done
```

(3)屏蔽 IPv6。基于安全考虑,非必要时应该禁用 IPv6 网络功能。

```
# 1. 编辑文件 /etc/modprobe.conf
#  vi /etc/modprobe.conf
//屏蔽内核模块,添加如下行
install ipv6 /bin/truc
//编辑后,保存退出 vi
# 2. 编辑网络配置文件 /etc/sysconfig/network
#  vi /etc/sysconfig/network
//添加如下行
```

```
NETWORKING_IPV6=no
IPV6INIT=no
//编辑后,保存退出 vi
# 3. 重新启动网络服务并卸载 IPv6 模块
# service network restart
# rmmod ipv6
# 4. 验证 IPv6 屏蔽效果
# lsmod | grep ipv6
# /sbin/ifconflg
# 5. 禁用 ip6tables 服务
# chkconfig ip6tables off
# service ip6tables stop
```

(4)物理终端安全:

• 设置计算机 BIOS。为了确保服务器的物理安全,在必要的情况下应该设置 BIOS;禁止附加存储介质(光驱、USB 等)启动系统;设置 BIOS 口令。

• 设置 GRUB 口令。GRUB 可以通过选择不同的内核映像文件启动不同的系统,也可以将用户输入的启动参数传递给内核。

因为 GRUB 可以允许用户绕过所有的安全检测而进入单用户模式,所以管理员应该设置 GRUB 口令避免修改启动参数从而提供安全性。GRUB 提供了 password 选项,使用该选项后,GRUB 要求修改启动参数之前必须输入口令。在 GRUB 界面中按【P】键可以输入口令。下面是为 GRUB 设置 MD5 口令的过程。

• 为 GRUB 生成 MD5 口令:

```
# grub-md5-crypt
Password:<ENTER-YOUR-PASSWORD>
Retype password:<ENTER-YOUR-PASSWORD>
$ 1$ WqFGw/$ hkFDqkoGxqescpPKVt8/Il
```

• 修改 GRUB 配置文件 /boot/grub/menu.lst:

```
# vi /boot/grub/menu.lst
default=0
timeout=5
splashimage=<hd0,0)/grub/splash.xpm.g2
hiddenmenu
password -md5 $ lSWqFGw/$ hkFDqkoGxqescpPKVt8/ll      # 添加此行
title CentOS (2.6.18-164.6.1.el5)
root (hd0.0)
kernel /vmlinuz-2.6.I8-164.6.1.el5 roroot= /dev/VolGroupSoho/LogVolRoot
initrd /initrd-2.6.18-164.6.1.el5.img
```

• 为单用户模式启用认证。在 CentOS 中默认情况下进入单用户模式无须认证,因此可以绕过安全验证而获得超级用户访问权限。为了启用单用户模式的用户认证,可以修改/etc/inittab 文件:

```
# echo "~ ~ :S:wait:/sbin/sulogin" > > /etc/inittab
```

然后使用如下命令使之生效:

```
# init q
```

• 禁用启动时的交互热键。RHEL/CentOS 允许控制台用户在启动过程中通过快捷键【I】执行交互式启动设置。

使用交互式启动攻击者可以禁用防火墙和其他服务。为了避免这种情况的发生,可以使用如下命令修改文件/etc/sysconfig/init:

```
# sed -i "s/PROMPT=yes/PROMPT= no/" etc/sysconfig/init
```

• 设置屏幕锁定。当用户临时离开终端时,为了保护已登录的终端应该使用屏幕锁定。为了使用字符界面的屏幕锁定,首先要安装 vlock 包:

```
# yum -y install vlock
```

要锁定当前屏幕,使用如下命令:

```
$ vlock
```

要锁定所有已登录的终端会话并禁止虚拟控制台切换,使用如下命令:

```
$ vlock -a
```

• 设置超时自动注销。为 BASH 设置超时自动注销,可以创建/etc/profile.d/autologout.sh 文件,添加如下内容:

```
TMOUT=300          # 5分钟后超时
readonly TMOUT
export TMOUT
```

之后为该文件添加可执行权限:

```
# chmod +x /etc/profile.d/autologout.sh
```

为 SSH 客户设置超时自动注销,可以修改 SSH 服务器配置文件/etc/ssh/sshd_config,设置如下:

```
ClientAliveinterval 300
ClientAliveCountMax 0
```

之后使用如下命令重启 SSH 服务:

```
# service sshd restart
```

(二)账号安全和访问控制

1. 禁止 root 账号登录

(1)关于 sudo。系统管理员在任何情况下都应以一个普通用户身份登录系统,当需要使用管理类命令时可以使用 sudo 命令前缀执行,执行时无须知道超级用户的口令,使用普通用户自己的口令即可。sudo 具有以下特点:

- sudo 设计的宗旨是给用户尽可能少的权限,但能保证其完成他们的工作。
- sudo 是设置了 SUID 位的执行文件。
- sudo 能够限制指定用户在指定主机运行某些命令。
- sudo 可以提供日志(/var/log/secure),忠实地记录每个用户使用 sudo 做了些什么,并且能将日志传到中心主机或者日志服务器。
- sudo 为系统管理员提供配置文件,允许系统管理员集中地管理用户的使用权限和使用的主机,其默认的存放位置是/etc/sudoers。

(2)快速配置 sudo。默认情况下,只有 root 用户可以使用 sudo 命令。最简单地配置 sudo 的方法如下:

①将所有需要使用 sudo 的普通用户添加到 ict 组中。

```
# usermod -G ict hadoop
# usermod -G ict spark
```

②配置允许 ict 组可以执行 sudo 命令。

```
# visudo
//删除如下行的注释符,之后保存退出
% ict ALL=(ALL) ALL
```

③配置文件/etc/sudoers。由于 sudo 的配置相当灵活,所以/etc/sudoers 文件的语法相对复杂。下面是 CentOS 默认的配置文件/etc/sudoers。

```
# cat /etc/sudoers |egrep -v "^# |^$ "
Defaults requiretty
Defaults env_reset
Defaults env_keep="COLORS DISPLAY HOSTNAME HISTSIZEINPUTRC KDEDIR \
LS_COLORS MAIL PS1 PS2 QTDIR USERNAME \
LANG LC^ADDRESS LC_CTYPE LC^COLLATE LCJDENTIFICATION \
LC_MEASUREMENT LC_MESSAGES LCjMONETARY LC_NAME \
LC_NUMERIC LC_PAPER LC_TELEPHONE LC_TIME LC_ALL\
LANGUAGE LINGUAS _XKB_CHARSET XAUTHORITY"
   root ALL-(ALL) ALL
```

详细说明参见其手册 man sudoers,下面仅做简单说明。

④/etc/sudoers 中的特殊字符和保留字:

- 以#开始的行为注释行。
- 保留字 ALL 表示所有。
- %后的名字表示组名。
- !表示逻辑非。
- 行末的\为续行符。
- 下面的字符作为一个词的一部分(如一个用户名或者一个主机名)出现时必须使用反斜

线(\)来转义：:@、。、=、:、,、(、)、\。

⑤/etc/sudoers 的组成部分：
- 别名定义部分：包括 User_Alias、Host_Alias、Runas_Alias、Cmnd_Alias。
- 配置选项部分：由 Defaults 设置。
- 权限分配部分：这是整个配置文件的核心部分。其格式如下：

```
User        Host= (Runas)          Cmnd
用户        主机=(可切换的其他用户)  可执行命令
```

该部分说明如下：

在 Cmnd 部分之前可以使用 NOPASSWD：参数，表示不用输入口令即可执行 Cmnd。

(Runas)部分可以省略，省略时表示(root)，即表示仅能切换为 root 用户身份。

四个部分均可设置多个项目，每个项目用逗号间隔。

在 Host 部分使用主机列表指的是本机的不同名称，而不是远程登录的客户机，因此一般均使用 localhost 或 ALL。

四个部分均可使用别名定义来简化配置，即用 User_Alias 定义用户别名，用 Host_Alias 定义主机别名，用 Runas_Alias 定义切换用户别名，用 Cmnd_Alias 定义命令别名。别名必须使用大写字母，别名语句的格式如下：

```
User_Alias USER_ALIAS_NAME=user1, user2,..
Hosr_Alias HOST_ALIAS_NAME=host1,host2...
Runas_Alias RUNAS_ALIAS_NAME=runas1,runas2...
Cmnd_Alias COMMAND_ALIAS_NAME=cmnd1,cmnd2...
```

下面给出一些配置片段：

```
# 让 hadoop 用户和 ict 组的成员可以用任何人的身份运行任何命令
hadoop ALL= (ALL) ALL
% ict ALL= (ALL) ALL
# 专职系统管理员(kendy,mik 和 jerry)可以用 root 身份执行任何命令,而且
# 不需要进行身份验证
User_Alias FULLTIMERS=kendy, mik, jerry
FULLTIMERS ALL=NOPASS WD: ALL
# 兼职系统管理员(yang,henli 和 wl)可以用 root 身份运行任何命令,但他们
# 首先必须进行身份验证(因为这个条目没有 NOPASSWD 标签)
User_Alias PARTTIMERS=yang,henli,wl
PARTTIMERS ALL=ALL
```

(3)sudo 命令。当配置好 sudo 的配置文件之后，授权用户就可以使用 sudo 命令执行管理类命令。sudo 命令的格式如下：

```
sudo -V|-h|-k|-l|-v
sudo [-Hb] [-u usemame|# uid] {-i|-s|<command>}
```

其中各项说明如下：

-V：显示版本信息，并退出。

-h：显示帮助信息。
-l：显示当前用户(执行 sudo 的用户)的权限,只有在/etc/sudoers 中的用户才能使用该选项。
-v：延长口令有效期限 5 min。
-k：将会强迫用户在下一次执行 sudo 时询问口令(不论有没有超过 5 min)。
-H：将环境变量中的 $HOME 指定为要变更身份的用户的目录(如不加-u 参数就是/root)。
-b：在后台执行指令。
-u semame|♯uid：以指定的用户作为新的身份。省略此参数表示以 root 的身份执行指令。
-i：执行一个新用户身份的交互式 Shell,与"su -"命令类似。
-s：执行环境变量 $SHELL 所指定的 Shell,或者/etc/passwd 中所指定的 Shell。
command：要以新用户身份执行的命令。

下面是使用 sudo 命令的例子：

```
# 显示当前用户 hadoop 的 sudo 权限
[hadoop@ master ~]$  sudo -l
User osmond may run the following commands on this host:
(ALL) ALL
# 以 root 用户身份执行交互 shell
[hadoop@ master~]$  sudo -s
[root@ master~ ]#
[root@ master~]#  exit
[hadoop@ master ~]$
```

当配置好 sudo 的配置文件之后,就可以执行如下命令禁止 root 账号登录：

```
# passwd -l root
```

2. 可插拔认证模块

可插拔验证模块(Pluggable Authentication Modules,PAM)是一套共享库,它将系统提供的服务和该服务的认证方式分开。

(三)基于 PAM 的账号保护和访问控制

PAM 通过提供一些动态链接库和一套统一的 API,将系统提供的服务和该服务的认证方式分开,最早集成在 Solaris 系统中。Linux 系统中已经成了 PAM 模块。

PAM 模块的引入,使得系统管理员可以根据需要为不同的服务配置不同的认证方式,在配置认证时无须更改服务程序；同时,也能够方便地向系统中添加新的认证方式。

二、了解安全的网络客户工具

(一)SSH 与 OpenSSH 简介

1. SSH 介绍

Linux 系统管理员通常需要同时管理多台主机,Linux 系统的最大的特色

OpenSSH 的主机
密钥管理

就是可以进行远程登录并进行管理。

SSH(Secure Shell,安全外壳协议)是 IETF(Internet Engineering Task Force,Internet 工程任务组)的网络工作组所制定的协议,是建立在应用层和传输层基础上的安全协议。

SSH 的目的是要在非安全网络上提供安全的远程登录和其他安全网络服务。SSH 协议是(C/S,客户端/服务器)模式协议,即区分客户端和服务器端。一次成功的 SSH 会话需要客户端和服务器端配合才能完成。所有使用 SSH 协议的通信(包括口令),都会被加密传输。

2. SSH 协议体系结构

SSH 目前有 SSH1(SSH protocol version 1)及 SSH2(SSH protocol version 2)两种版本,现在的主流是 SSH2。在 SSH 协议中,常见的加密算法有 RSA、DSA 及 Diffie-Hellman 等。SSH1 主要使用 RSA 的加密算法,而 SSH2 除了 RSA 以外,还使用 DSA 及 Diffie-Hellman 等算法。SSH 体系结构如图 3-4-1 所示。

图 3-4-1　SSH 体系结构

SSH 协议主要由传输层协议、连接协议及用户认证协议三部分组成,共同实现 SSH 安全保密机制。

• 传输层协议(transport layer protocol):提供服务器认证、数据机密性、信息完整性等支持。

• 用户认证协议(user authentication protocol):为服务器提供客户端的身份鉴别。

• 连接协议(connection protocol):将加密的信息隧道复用成若干逻辑通道,提供给更高层的应用协议使用。

SSH 协议框架中还为许多高层的网络安全应用协议提供了扩展支持。各种高层应用协议可以相对地独立于 SSH 基本体系之外,并依靠这个基本框架,使用 SSH 的安全机制。

(1)SSH 基于主机的安全验证:

SSH 协议中每台主机都有一对或多对主机密钥对,通过严格的主机密钥检查,系统可以验证来自服务器的公钥同之前所定义的密钥是否一致。以此阻止用户访问一个自己没有相应公钥的主机。

由于 SSH 提供了主机身份认证,使用主机的公钥而不是 IP 地址,从而更加安全可靠且不易受到 IP 地址欺骗的攻击。

(2)SSH 基于用户的安全验证:

• 基于口令的安全验证:通过账号和口令登录到远程主机。与使用传统 r 族命令和 Telnet 命令不同,SSH 对所有传输的数据进行加密传输,包括用户口令。对用户口令进行加密传输虽然在一定程度上提高了安全性,但是不能保证用户正在连接的服务器就是其想连接的服务器。可能会有别的服务器在冒充真正的服务器,扮演"中间人"进行网络攻击。

• 基于密钥的安全验证:创建一对公钥和私钥的密钥对,公用密钥放在需要访问的服务器上。每个用户都拥有自己的一对或多对密钥。当 SSH 客户连接 SSH 服务器时,客户端软件就会向服务器发出请求,请求使用用户的密钥进行安全验证。服务器收到此请求后,先在该用户的 home 目录下查找该用户的公钥,然后把它和用户发送过来的公钥进行比较。如果两个密钥一致,服务器就用公钥生成公有密钥加密信息(challenge,质询)并把它发送给客户端软件。客户端软件收到 challenge 之后使用自己的私钥解密再把它返回给服务器。认证通过后,客户端向服务器发送会话请求开始双方的加密会话。

基于密钥的安全验证时,用户必须知道自己私钥的保护短语。与基于用户口令的安全验证不同,基于密钥的安全验证不需要在网络上传送用户口令。使用基于密钥的安全验证可以加密所有传送的数据,由于"中间人"没有用户的私钥,从而能够有效避免"中间人"这种网络攻击。

(3)OpenSSH 简介:

SSH 是芬兰一家公司开发的,受版权和加密算法的限制,现在很多人开始转向使用 OpenSSH。OpenSSH 是 SSH 的免费、开源替代软件。

OpenSSH 的安装部署指令如下:

```
# yum install openssh-server openssh-clients
```

(二)使用 OpenSSH 客户端

1. ssh 命令

ssh 命令是使用 SSH 协议登录远程主机的客户端。其语法格式如下:

```
ssh [选项][-l login_name][hostname |[username@ ]hostname][command]
```

常用选项:

-p<port>:指定服务器端监听的端口,默认为 22。

-v:冗余模式,显示关于运行情况的调试信息。在调试连接、认证和配置问题时非常有用。

-q:安静模式,抑制所有的警告和提示信息。只有严重的错误才会被显示。

使用举例:

```
$ ssh-l hadoop192.168.0.100
$ ssh hadoop@192.168.0.100
$ ssh hadoop@192.168.0.100 "ls ~"
```

2. scp 命令

scp 命令是基于 SSH 协议实现在本地主机和远程主机之间复制文件的客户端。其语法格

式如下:

```
scp [选项] [user@]host:rmtfile1 [...] locfile1 [...]    //将远程文件复制到本地
scp [选项] locfile1 [...] [user@] host:rmtfile1 [...]    //将本地文件复制到远程
```

常用选项:

-r:用于递归复制子目录。所复制的目录中带有子目录时,使用此参数。

-p:用于保留被复制文件的时间戳和权限。

-C:用于压缩数据流。

使用举例:

```
$ scp identity.pub hadoop@192.168.0.100:.ssh/authorized_keys
$ scp hadoop@192.168.0.101:remotefile localfile
$ scp -rpC hadoop@backup.ls-al.me:/data
```

3. sftp 命令

sftp 命令是基于 SSH 协议的 ftp 客户端。类似于 ftp,sftp 进行加密传输比 ftp 有更高的安全性。其语法格式如下:

```
sftp [user@]host
```

使用举例:

```
$ sftp hadoop@192.168.0.101
```

进入 sftp 会话之后就可以使用 ftp 子命令进行文件的上传和下载。

(三)OpenSSH 的主机密钥管理

1. OpenSSH 主机密钥相关文件

(1)/etc/ssh/ssh_host_key:本地主机 RSA 加密算法生成的认证私钥(SSH-1 版本)。

(2)/etc/ssh/ssh_host_key.pub:本地主机 RSA 加密算法生成的认证公钥(SSH-1 版本)。

(3)/etc/ssh/ssh_host_dsa_key:本地主机 DSA 加密算法生成的认证私钥(SSH-2 版本)。

(4)/etc/ssh/ssh_host_dsa_key.pub:本地主机 DSA 加密算法生成的认证公钥(SSH-2 版本)。

(5)/etc/ssh/ssh_host_rsa_key:本地主机 RSA 加密算法生成的认证私钥(SSH-2 版本)。

(6)/etc/ssh/ssh_host_rsa_key.pub:本地主机 RSA 加密算法生成的认证公钥(SSH-2 版本)。

(7)/etc/ssh/ssh_known_hosts:主机密钥的系统级列表。

(8)~/.ssh/known_hosts:主机密钥的用户级列表。

2. 主机密钥生成

OpenSSH 的服务启动脚本/etc/init.d/sshd 中包含了主机密钥的生成命令。因此,sshd 首次启动时默认会生成三对主机密钥(SSH-1 RSA、SSH-2 RSA、SSH-2 DSA)。管理员一般无须重新生成这三对主机密钥,如果系统是从一个已有系统复制产生(如虚拟机复制等),则复制的系统上应该重新生成这三对主机密钥。

在 RHEL/CentOS 上要重新生成主机密钥很简单:首先删除/etc/ssh/ssh_host_*,然后运行 service sshd restart 命令，sshd 的启动脚本就会自动生成主机密钥对。

3. 收集可信任主机的公钥

在客户端，可以使用 ssh-keyscan 命令收集可信任主机的公钥。其语法格式如下：

```
ssh-keyscan -t <rsa1|rsa|dsa> <Hostnamc|lPaddress> [<Hostname|IPaddress> ...]
```

各项参数如下：

-t <rsa1|rsa|dsa>：指定密钥算法。可以同时指定多种算法(用逗号间隔)。

Hostname|lPaddress：指定被信任主机的主机名或 IP 地址。

例如，如下命令会将主机 master(IP:192.168.0.200,FQDN:master.ict.com)的 rsa 和 dsa 公钥导入用户自己的可信任主机文件(~/.ssh/known_hosts)。

```
$ ssh-keyscan -t rsa.dsa master master.ict.com 192.168.0.200> ~/.ssh/known_hosts
```

若没有使用 ssh-keyscan 命令收集指定主机的公钥，使用 ssh 客户首次连接提示此服务器时就会显示用户是否信任此主机的交互提示信息。

(四) OpenSSH 的用户密钥管理

1. OpenSSH 用户密钥相关文件

(1)~/.ssh/identity：用户默认的 RSA1 身份认证私钥(SSH-1 版本)。

(2)~/.ssh/identity.pub：用户默认的 RSA1 身份认证公钥(SSH-1 版本)。

(3)~/.ssh/id_dsa：用户默认的 DSA 身份认证私钥(SSH-2 版本)。

(4)~/.ssh/id_dsa.pub：用户默认的 DSA 身份认证公钥(SSH-2 版本)。

(5)~/.ssh/id_rsa：用户默认的 RSA 身份认证私钥(SSH-2 版本)。

(6)~/.ssh/id_rsa.pub：用户默认的 RSA 身份认证公钥(SSH-2 版本)。

(7)~/.ssh/authorized_keys：存放所有已知用户的公钥。

2. 用户密钥的生成和公钥传播

下面介绍用户密钥的生成和公钥传输过程。

(1)在服务器中创建目录和文件(若它们不存在)。

```
[hadoop@ master~]$ mkdir ~/.ssh
[hadoop@ master~]$ chmod 700 ~/.ssh
[hadoop@ master~]$ touch ~/.ssh/authorized_keys
[hadoop@ master~]$ chmod 600 ~/.ssh/authorized_keys
```

(2)在客户端生成密钥对。

```
[hadoop@ client~ ]$ ssh-keygen -t rsa
Generating public/private rsa key pair.
Enter file in which to save the key (/home/hadoopt/.ssh/id rsa):
Created directory f/home/hadoop/.sshf.
Enter passphrase (empty for no passphrase):# 输入私钥保护短语
Enter same passphrase again:
...
```

```
[hadoop@ client~] $ ll .ssh
total 8
-rw-------  1 hadoop hadoop 667 Jun 14 20:01 id_rsa
-rw-r--r--  1 hadoop hadoop 601 Jun 14 20:01 id_rsa.pub
```

(3)将客户端生成的公钥发布到服务器端。

```
[hadoop@ client ~]$ ssh-copy-id -i -f ~/.ssh/id_rsa.pub hadoop@client
hadoop@ client's password:#输入 hadoop 用户在 client 上的用户口令
[hadoop@ client ~]$
```

以密钥认证方式进行远程登录。

```
[hadoop@ client ~]$ ssh master
Enter passphrase for key'/home/smart/.ssh/id_rsa':#输入私钥保护短语
[hadoop@ master ~]$
```

任务小结

通过本任务的学习,能够理解系统安全的基础知识,包括系统安全的概念、安全访问以及账户保护和访问控制,此部分要注重理解,熟悉安全在 Linux 系统中的重要性。也可以了解安全的网络客户工具,特别是 SSH 和 OpenSSH 的概念和 OpenSSH 的各种管理操作,实践性比较强,也有一定难度,需要在理解的基础上多动手操作,融会贯通。

作为一个开放源代码的操作系统,Linux 服务器以其安全、高效和稳定的显著优势得以广泛应用。在工作中主要从账户安全、系统引导、登录控制的角度,优化 Linux 系统的安全性。

任务五　浅析 Shell 脚本编程

任务描述

Linux 系统工程师应该掌握 shell 脚本编程,这样可以大幅提高工作效率,避免重复性劳动。本任务就带领大家一起进入 shell 编程世界。

任务目标

(1)了解 Shell 编程基础。
(2)掌握条件测试和分支结构。
(3)掌握循环结构并了解函数的使用。

任务实施

Shell 编写类似于 DOS 下的批处理。Shell 是以行为单位的,在执行脚本时会将其分解成行依次执行;Shell 也可以用条件语句判断执行条件,包括 if、while、case、for 循环语句。bash 提供了子程序调用的功能,即函数,Shell 可以直接调用函数提高编程效率。

一、了解 Shell 编程基础

(一)Shell 脚本简介

第一个 Shell 程序

1. Shell 脚本的概念

Shell 是一个由 C 语言编写的命令解释器,Shell 脚本程序类似于 DOS 下的批处理程序。用 Shell 编写的程序通常称为 Shell 脚本。

Shell 脚本在 Linux 服务器系统安装部署和运行维护过程中扮演着非常重要的角色。

2. 第一个 Shell 脚本

登录 Linux 系统,启用 vi/vim 编辑器,编辑第一个 Shell 脚本文件 hello.sh:

```
[root@ master shell]# vi hello.sh
#!/bin/bash
echo "Hello World !"
```

(1)♯!:告诉系统使用哪一个版本的脚本解释器来解释 shell 脚本。

(2)echo"Hello World!":调用 echo 命令向窗口输出"Hello World!"字符串。

3. 执行 Shell 脚本

可以采用以下几种方式执行 Shell 脚本:

(1)授执行权限执行:

- 为 Shell 脚本授予执行权限:

```
[root@master shell]# chmod+x hello.sh
```

- 执行 Shell 程序:

```
[root@master shell]# ./hello.sh
Hello,World!
```

(2)运行解释器程序,将 Shell 脚本作为参数传递给解释器执行。例如:

```
[root@master shell]# bash hello.sh
Hello,World!
```

(3)Shell 脚本的编码规范。Shell 脚本应该以♯!开始,例如:

```
#!/bin/bash
```

良好的 Shell 编码规范非常重要,以下是工程案例中的 Shell 脚本编码规范。

```
# 系统名称
# 子系统名称
# 脚本名称
# 脚本功能
```

```
# 作者及联系方式
# 版本更新记录
# 版权声明
# 对算法做简要说明（如果是复杂脚本）
```

以下是 Shell 脚本编码规范典型案例：

```
#！/bin/sh
#######################################################
##########
# 系统名称：数据采集系统
# 子系统名称：业务数据采集子系统
# 脚本名称：startETL1WorkFlow.sh
# 脚本功能：启动 ET1 workflow,
# 作者：ICT
# 修订日期：2022-06-08
#######################################################
##########
```

(二)Shell 变量操作

模拟登录
Shell

1. 变量定义

Shell 变量的命名遵循以下规则：

(1)变量命名只能使用英文字母、数字和下画线，首字符不能以数字开头。

(2)变量中间可以使用下画线_,但不能有空格。

(3)变量中间不能使用标点符号。

(4)不能使用 Shell 关键字(可用 help 命令查看保留关键字)来作为变量。

Shell 运算操作举例：

```
[root@ master shell]# a= $((2+3** 2-1001% 5))      #** 是幂运算;% 是模运算
[root@ master shell]# echo $a                      #显示变量 a 的值
[root@ master shell]# 10
[root@ master shell]# echo $((a+=2))               #可以使用类似 C 语言的+= 运算符
[root@ master shell]# 12
[root@ master shell]# echo $((a+=1))
[root@ master shell]# 13
[root@ master shell]# echo $((++a))
[root@ master shell]# 14
[root@ master shell]# echo $((2+3**2>100 1%5))     #可以进行关系、逻辑运算，真为 1,假为 0
[root@ master shell]# 1
[root@ master shell]# echo $((2+3**2<100 1%5&&a))
[root@ master shell]# 0
```

2. Shell 变量的输入

Shell 变量可以直接赋值，还可以使用 read 命令从标准输入获取。read 命令的语法格式如下：

```
read [-p <Prompt string> ] [<变量名> …]
```

例如,模拟登录 Shell,从标准输入读取用户名及密码登录系统。

```
# userLogin.sh
# 模拟用户登录系统
# read 读取用户名和密码
[root@ ZTE ~]# vi userLogin.sh            #编辑 userLogin.sh 文件,并写入脚本内容
# !/bin/bash
echo -n "login:"
read name
echo -n "password:"
read passwd
if [ $ name="zte" -a $passwd ="abc" ];then
echo "the host and password is right!"
else echo "input is error!"
fi
[root@ZTE ~]# chmod u+x userLogin.sh      #赋予文件执行权限
[root@ZTE ~]# ./userLogin.sh              #尝试以错用户名登录
login:z
password:abc
input is error!
[root@ZTE ~]# ./userLogin.sh              #尝试以正确用户名登录
login:zte
password:abc
the host and password is right!
```

二、掌握 Shell 分支结构

(一)条件测试

1. 测试语句

Shell 的流程控制结构语句中经常需要进行各种测试。bash 测试语句如语法格式如下:

语法格式 1:test<测试表达式>

语法格式 2:[<测试表达式>]

语法格式 3:[[<测试表达式>]]

2. 文件测试操作符

bash 常用的文件测试操作符见表 3-5-1。

条件测试(1)

表 3-5-1 文件测试操作符

操作符参数	功　　能	操作符参数	功　　能
-e file	测试文件是否存在	-x file	测试是否为可执行文件
-f file	测试文件是否为普通文件	-O file	测试者是否为文件的属主
-d file	测试是否为目录文件	-G file	测试者是否为文件的同组人

续表

操作符参数	功　　能	操作符参数	功　　能
-L file	测试是否为符号链接文件	-u file	测试是否为设置了 SUID 的文件
-b file	测试是否为块设备文件	-g file	测试是否为设置了 SGID 的文件
-c file	测试是否为字符设备文件	-k file	测试是否为设置了粘贴位的文件
-s file	测试文件长度不为 0(非空文件)	file1 -nt file2	测试 file1 是否比 file 新
-r file	测试是否为只读文件	file1 -ot file2	测试 file1 是否比 file2 旧
-w file	测试是否为可写文件	file1 -ef file2	测试 file1 是否与 file2 共用相同的 i-node(链接)

条件测试(2)

3. 字符串测试操作符

字符串测试操作符见表 3-5-2。

表 3-5-2　字符串测试操作符

操作符参数	功　　能	操作符参数	功　　能
-z string	测试字符串是否为非空	String1 = string2	测试两个字符串是否相同
-n string	测试字符串是否为非空串	String1 != string2	测试两个字符串是否不同

4. 整数比较操作符

整数二元比较操作符见表 3-5-3。

表 3-5-3　整数二元比较操作符

场　景	功　　能					
	相等	不等	大于	大于或等于	小于	小于或等于
在[]中使用	-eq	-ne	-gt	-ge	-lt	-le
在(())中使用	=	!=	>	>=	<	<=

5. 逻辑操作符

逻辑操作符可以实现复杂的条件测试，见表 3-5-4。

表 3-5-4　逻辑操作符

场　景	功　　能		
	实现"与"逻辑	实现"或"逻辑	实现"非"逻辑
在[]中使用	-a	-o	!
在(())中使用	&&	||	!

条件测试案例分析

6. 条件测试操作符使用举例

以下代码片段展示了条件测试在工程项目中的典型应用。

```
################################
# 系统名称:统一经营分析系统
# 模块名称:综合营账日调度子系统
# 模块功能:将tmp下的接口文件转移到Informatica工作目录
# 作者:
################################
. global.config # 首先必须调用全局配置文件
moveDate=$1
if [ "$moveDate" = "" ]; then
    moveDate=$SCHEDULE_DATE
Fi
...
```

(二)if 语句

1. if 语句语法

if 语句的结构分为单分支结构、双分支结构和多分支结构。具体语法如下:

测试指定节点的连通性

(1)单分支结构语法:

```
if condition
then
    statement1
    statement2
    ...
fi
```

(2)双分支结构语法:

```
if condition
then
    statement1
    statement2
    ...
else
    statement3
    ...
fi
```

(3)多分支结构语法(1):

```
if condition
then
    statement1
    statement2
    ...
elif condition2
then
```

```
    statement3
    statement4
    ...
elif condition3
then
    statement5
    statement6
    ...
fi
```

(4)多分支结构语法(2):

```
if condition
then
    statement1
    statement2
    ...
elif condition2
then
    statement3
    statement4
    ...
elif condition3
then
    statement5
    statement6
    ...
else
statement7
    ...
fi
```

Condition(conditionX)可以是一个条件测试或 Shell 命令。如果是 Shell 命令,则根据命令的退出码来判断条件的真假,如果命令正确执行则条件值为真,否则条件值为假。

注意:每个命令都会返回一个退出状态码。命令执行成功返回 0,失败返回非 0。

2. if 语句使用举例

案例:测试集群指定节点的连通性。

```
# !/bin/bash
# 模块功能:测试集群 master 节点网络连接是否正常
# if 的条件部分除了使用 test 语句之外,还可以使用普通的命令进行测试
# 当该命令正确执行($ ? = 0)返回真,否则($ ? = 0)返回假
if ping -c1-w2 master.bigdata.com &> /dev/null;then
    echo "master.bigdata.com 主机连接正常。"
else
    echo "master.bigdata.com 主机连接断开。"
fi
```

(三) case 语句

1. 语法结构

case 语句语法：

设置主机系统的语言环境

```
case condition in
pattern 1)
    Statements1;;
pattern 2)
    Statements2;;
...
pattern N)
    statementsN;;
esac
```

2. 使用举例

设置主机系统的语言环境。

```
# 模块名称：set-lang.sh
# 模块功能：设置主机系统的语言环境
# !/bin/bash
cat<<EOF
请选择主机系统的语言环境：
 1)--en_US.utf8
 2)--en_US.iso88591
 3)--zh_CN.gb18030
 4)--zh_CN.utf8
EOF
read choice
case $choice in
1)export LANG=en_US.utf8;;
2)export LANG=en_US.iso88591;;
3)export LANG=zh_CN.gb18030;;
4)export LANG=zh_CN.utf8;;
5)echo 输入错误,请重新输入;;
esac
```

三、掌握 Shell 循环结构

计算 100 以内所有奇数的和

(一) while 和 until 语句

1. 语法结构

while 循环	until 循环

while condition
    do
    statement1
	until condition
	    do
	    statement1

statement2 ... done	statement2 ... done
当条件满足时执行循环体语句,否则退出循环	当条件满足时结束循环,否则继续执行循环体语句

2. 使用举例

计算 100 以内所有奇数的和。

```
#模块功能:循环计算 100 以内所有奇数的和
#!/bin/bash
sum=0
i=1
while(( i<=100 ))
do
   let "sum+=i"
   let "i +=2"
done
echo "sum=$sum"
```

(二) for 语句

1. 语法结构

for 语句的语法格式如下:

```
Foreach 循环语句
for variable in WordList
do
   statement1
   statement2
   ...
done
在此结构中 in WordList 可省略,省略时相当于 in "$@"
```

2. 使用举例

(1)使用字面列表循环输出"操作系统"名称。

```
#模块功能:使用字面列表作为 WordList
#!/bin/bash
for x in Deepin CentOS openSuSE
do
echo "$x"
done
```

输出"操作系统"

(2)使用 for 循环输出"黑名单"中的内容。

```
#模块功能:使用 for 循环输出"黑名单"文件中的内容
# !/bin/bash
#使用文本文件内容作为 WordList,以行为单位处理文本
for x in $(cat blacklist.txt);do echo "== $x==";done
```

输出"黑名单"

(3)测试当前主机与集群 10.0.0.0/24 内每台主机的连通性。

```
#模块功能:测试当前主机与集群内每台主机的连通性。
#!/bin/bash
for ipsuffix in $(seq 254); do
ip=10.0.0.${ipsuffix}
if ping -c1 -w2 $ip&>/dev/null;then
    echo "$ip 主机连接正常。"
else
    echo "$ip 主机连接断开。"
fi
done
```

测试主机连通性

四、掌握 Shell 函数

(一)函数及其用途

bash 是 UNIX Shell 的一种,在 1987 年由布莱恩·福克斯为了 GNU 计划而编写,可以通过函数来实现子程序调用功能。函数可以简化程序代码,实现脚本代码重用,一次定义反复调用。通过函数实现结构化编程,按照功能模块对任务进行拆分,可以增强脚本的可读性。

简单无参数函数

给函数传递参数

(二)函数的定义和调用

bash 有以下两种函数定义方法:

传统风格的定义方法	C 语言风格的定义方法

function name{
    statement1
    statemenet2
    …
}
	name()
	{
	    statement1
	    statemenet2
	    …
	}

函数在调用之前必须先定义,name 指定函数的名称,通过函数名称调用这个函数。函数的参数加在 name 的后面,在函数内可以使用位置参数($1,$2 等)来引用这些参数。

(三)函数使用举例

调用函数,实现数据源文件的拆分。

```
# -------------------------------------------------
# 系统名称:统一经营信息系统
# 子系统名称:综合营账日调度子系统
# 模块名称:startETL1WorkFlow.sh
# 模块功能:启动 ET1 workflow
#
# 函数功能:拆分文件
# -------------------------------------------------
```

```
split_file(){
    intfFile=$1
    targetFlg=$2
    splitCount=$3
    splitCount=$(expr $splitCount+0)
    i=$(expr 1+0)
    recNum=$(wc -l $intfFile |awk '{print $1}')
    sigleFileRecs=$(expr $ recNum / $ splitCount)
    sigleFileRecs=$(expr $ sigleFileRecs +1)
    split -l $ sigleFileRecs $ intfFile $ targetFlg
}
if test -f C9901131D_01.Txt;then
    echo "[拆分文件]--C9901131D"
    split_file C9901131D_01.Txt C9901131D 4
    mv C9901131Daa C9901131D_01_A.Txt
    mv C9901131Dab C9901131D_01_B.Txt
    mv C9901131Dac C9901131D_01_C.Txt
    mv C9901131Dad C9901131D_01_D.Txt
    mv C9901131D_01_*  $UINTF_INFMT_WORKDIR/
    rm C9901131D_01.Txt
fi
```

五、学习 Shell 编程案例

数据采集系统中需要根据时间戳来抽取数据，以下 Shell 程序代码部署在 AIX 小型机系统，通过脚本计算系统昨天的日期，并将计算结果作为参数用于分析系统数据采集。

```
# ! /bin/sh
# ----------------------------------------------------------
# # 系统名称:统一经营信息系统
# ----------------------------------------------------------
# 子系统名称:综合营账日调度子系统
# 模块名称:getYesterday.sh
# 模块功能:编写 Shell 脚本计算系统昨天的日期
# ----------------------------------------------------------
# month:月份
# day: 日
# year:年
# ----------------------------------------------------------
month='date + % m'
day='date + % d'
year='date + % Y'
# month 变量+ 0,将 month 变量转换为整数
month='expr $month + 0'
# day 变量+ 0,将 day 变量转换为整数
day='expr $day - 1'
# 如果日期为 0,则确定上个月的最后一天
if [ $day -eq 0 ]; then
```

```
#计算上一个月
month='expr $ month - 1'
# 如果月份为0,则为的12月31日,则需要计算上一年
if [ $ month -eq 0 ]; then
    month=12
    day=31
    year='expr $year - 1'
# 如果月份不是零,需要找到每月的最后一天
else
    case $month in
      1|3|5|7|8|10|12) day=31;;
      4|6|9|11) day=30;;
      2)
        if [ 'expr $year % 4' -eq 0 ]; then
          if [ 'expr $year % 400' -eq 0 ]; then
            day=29
          elif [ 'expr $year % 100' -eq 0 ]; then
            day=28
          else
            day=29
          fi
        else
          day=28
        fi
        ;;
    esac
fi
fi
# 打印年、月、日
if [ ' expr length $ month ' -eq 1 ]; then
    month="0"$month
fi
if [ ' expr length $ day ' -eq 1 ];then
    day="0"$day
fi
ydate=$ year$ month$ day
echo $ ydate
```

大开眼界

统一操作系统(UOS)是由包括中国电子集团(CEC)、武汉深之度科技有限公司、南京诚迈科技、中兴新支点在内的多家国内操作系统核心企业自愿发起、共同打造的中文国产操作系统。

目前国产操作系统众多,其中已获得较大规模应用和市场认可的包括华为openEuler、中标麒麟(NeoKylin)、银河麒麟、优麒麟、红旗、一铭、中兴新支点、统信(UOS)、深度(Deepin)等众多Linux发行版,还有大家热议的鸿蒙HarmonyOS、凤凰OS等。

📡 任务小结

Shell 脚本概念和结构都非常易于理解和操作。Shell 有诸多语法，如 if 语句、case 语句、for 语句、函数等。用户应该了解 Shell 脚本编程的基础知识、Shell 的特殊变量、位置变量及参数传递方法，以及条件测试、分支结构、循环结构的语句和编程方法。掌握了本任务介绍的语法后，对于后续大量复杂烦琐的命令，均可以编写脚本来简捷地实现需要的功能。

※思考与练习

一、填空题

1. 最常用的网络接口称为_____。
2. 进程有三种类型：_____、_____、_____。
3. Bash 是 UNIX Shell 的一种，在 1987 年由布莱恩·福克斯为了_____计划而编写。
4. OpenSSL 是一个_____。
5. Linux Shell 函数在调用之前必须先定义，name 指定函数的名称，通过_____调用这个函数。

二、判断题

1. 未来提高系统安全性，应该禁止 root 账号登录。（ ）
2. 在 Shell 编程时，使用方括号表示测试条件的规则是方括号两边可以没有空格。（ ）
3. bash 不支持浮点数运算，可使用 bc 命令进行浮点运算。（ ）
4. Shell 脚本是以行为单位的，在执行脚本时会将其分解成行依次执行。（ ）
5. Linux Shell 中，可以在函数内使用位置参数（$1、$2 等）来引用这些参数。（ ）

三、选择题

1. 在创建 Linux 分区时，一定要创建（　　）两个分区。
   A. FAT/NTFS   B. FAT/SWAP
   C. SWAP/根分区 D. NTFS/SWAP
2. 为卸载一个软件包应使用（　　）。
   A. rpm -i   B. rpm -e
   C. rpm -q   D. rpm -V
3. 欲移除 bind 套件，应用下列（　　）指令。
   A. rpm -ivh bind*.rpm   B. rpm -Fvh bind*.rpm
   C. rpm -ql bind*.rpm   D. rpm -e bind
4. 查询已安装软件包 dhcp 内所含文件信息的命令是（　　）。
   A. rpm -qa dhcp   B. rpm -ql dhcp
   C. rpm -qp dhcp   D. rpm -qf dhcp

5. Linux Shell 编程,可以通过以下( )参数测试文件是否存在。
   A. -a file   B. -b file
   C. -d file   D. -x file

四、简答题

1. Linux 支持哪些网络协议?
2. Linux 支持哪些网络底层协议?
3. Linux 网络接口配置文件放在什么位置?
4. 路由器的作用是什么?
5. 什么是 RPM?
6. RPM 有哪些功能?
7. 在 Linux 系统中如何查看进程?
8. 在 Linux 系统中如何杀死系统中的进程?
9. Sudo 具有哪些特点?
10. 什么是 Shell 脚本?

实践篇

网络基础服务

📌 引言

网络是数据中心的重要组成部分，尤其是云计算、大数据、人工智能等新技术，更是要依赖网络技术才能实现。纵览数据中心内部网络，以太网技术一家独大，基本已经成为网络技术的代名词，人们日常谈及的网络技术基本都来源于以太网。

DHCP（Dynamic Host Configuration Protocol，动态主机配置协议）是以太网局域网中重要的基础服务，使用 UDP 协议进行工作，可以为局域网的客户端动态地分配 IP 地址。DHCP 协议有常用的三个端口，分别为 67、68 和 546。其中，67 和 68 号端口为 DHCP Server 和 DHCP Client 的端口，546 用于 DHCP Failover，需要单独开启，主要用于双机热备。

DNS（Domain Name System，域名系统）是目前互联网上最不可或缺的服务器之一，互联网从访问一个网站，到发送一封电子邮件，再到定位域中的域控制器，无时无刻不在使用 DNS 提供的服务。DNS 最核心的工作就是域名解析，也就是把计算机名翻译成 IP 地址，这样就可以按照自己容易理解的方式为一台主机或者一个网站取一个名字，其他人就可以通过这个名字来访问主机或者网站，而不必去记住那些枯燥晦涩的 IP 地址，只有计算机才会更容易理解那些地址。其实早在 1969 年互联网就诞生了，但早期的互联网的规模比较小，到 20 世纪 70 年代互联网也只有几百台主机而已，这样每台主机之间相互访问就有一个比较简单的办法，就是每台主机利用一个 hosts 文件就可以把互联网上所有的主机都解析出来。hosts 文件也比较简单，就是每一行记录一个主机对应的 IP 地址，在当时，这样一个解决方案是可以满足需要的。但是，随着互联网规模的迅速膨胀，仅靠 hosts 文件来识别网络中主机的方案显然是不合适的。

学习目标

- 了解 DHCP 服务器原理，掌握 DHCP 服务器部署。

- 了解 DNS 服务器原理，掌握 DNS 服务器部署。
- 了解 NTP 服务器原理，掌握 NTP 服务器部署。

 **知识体系**

项目四
部署 Linux 网络服务

任务一 部署 DHCP 服务

任务描述

由于日常办公机器的移动需求,设置成固定 IP 会直接影响到上网的稳定性,所以通过搭建 DHCP 服务器实现客户端机器的 IP 动态分配效果。本任务主要解决 DHCP 服务器搭建和客户端 DHCP 设置。

任务目标

- 了解 DHCP 服务器的作用。
- 掌握部署 DHCP 服务器的方法。
- 掌握 DHCP 客户端的设置和使用方法。

部署 DHCP 服务

任务实施

DHCP 通常被应用在大型的局域网络环境中,本任务主要解析 DHCP 服务器的设置和客户端的设置。

一、了解 DHCP 服务

DHCP 的主要作用是集中地管理、分配 IP 地址,使网络环境中的主机动态地获得 IP 地址、Gateway 地址、DNS 服务器地址等信息,并能够提升地址的使用率。DHCP 有三种机制:自动分配、动态分配、手工分配。

DHCP 协议采用客户端/服务器模型,客户端利用广播封包发送搜索 DHCP 服务器相关信息和 DHCP 服务器建立起连接,DHCP 服务器未使用的地址分配给客户端。主机地址的动态分配任务由网络主机驱动。当 DHCP 服务器接收到来自网络主机申请地址的信息时,才会向网络主机发送相关的地址配置等信息,以实现网络主机地址信息的动态配置。

1. DHCP 的功能

(1)保证任何 IP 地址在同一时刻只能由一台 DHCP 客户机所使用。

(2)DHCP 可以给用户分配永久固定的 IP 地址。

(3)DHCP 可以同用其他方法获得 IP 地址的主机共存(如手工配置 IP 地址的主机)。

(4)DHCP 服务器可向现有的 BOOTP 客户端提供服务。

2. DHCP 分配 IP 地址的机制

(1)自动分配方式:DHCP 服务器为主机指定一个永久性的 IP 地址,一旦 DHCP 客户端第一次成功地从 DHCP 服务器端租用到 IP 地址后,就可以永久性地使用该地址。

(2)动态分配方式:DHCP 服务器给主机指定一个具有时间限制的 IP 地址,时间到期或主机明确表示放弃该地址时,该地址可以被其他主机使用。

(3)手工分配方式:客户端的 IP 地址是由网络管理员指定的,DHCP 服务器只是将指定的 IP 地址告诉客户端主机。

三种地址分配方式中,只有动态分配可以重复使用客户端不再需要的地址。

(一)DHCP 协议的运行方式

DHCP 通常是用于局域网络内的一个通信协议,主要通过客户端传送广播封包给整个物理网段内的所有主机。当局域网络内有 DHCP 服务器时,才会响应客户端的 IP 参数要求。因此,DHCP 服务器与客户端需要在同一个物理网段内。图 4-1-1 所示为 DHCP 封包在服务器与客户端来回的情况:

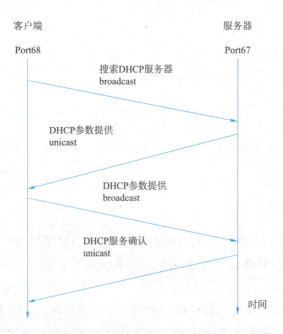

图 4-1-1　DHCP 封包在服务器与客户端来回的情况

客户端取得 IP 参数的程序可以简化如下:

(1)客户端:利用广播封包发送搜索 DHCP 服务器的封包。

若客户端网络设置使用 DHCP 协议取得 IP(在 Windows 内为"自动取得 IP"),则当客户端开机或者是重新启动网卡时,客户端主机会发送搜寻 DHCP 服务器的 UDP 封包给所有物理网段内的计算机。此封包的目标 IP 会是 255.255.255.255,所以一般主机接收到这个封包后会直接予以丢弃,但若局域网络内有 DHCP 服务器时,则会开始进行后续行为。

(2)服务器端:提供客户端网络相关的租约以供选择。

DHCP 服务器在接收到这个客户端的要求后,会针对这个客户端的硬件地址(MAC)与本身的设置数据进行下列工作:

• 到服务器的登录文件中寻找该用户之前是否曾经用过某个 IP,若用过且该 IP 目前无人使用,则提供此 IP 给客户端。

• 若配置文件针对该 MAC 提供额外的固定 IP(Static IP),则提供该固定 IP 给客户端。

• 若不符合上述两个条件,则随机取用目前没有被使用的 IP 参数给客户端,并记录下来。

总之,服务器端会针对客户端的要求提供一组网络参数租约给客户端选择。由于此时客户端尚未有 IP,因此服务器端响应的封包信息中,主要是针对客户端的 MAC 来给予回应。此时服务器端会保留这个租约然后开始等待客户端的回应。

(3)客户端:决定选择的 DHCP 服务器提供的网络参数租约并回复服务器。

由于局域网络内可能不止一台 DHCP 服务器,但客户端仅能接受一组网络参数的租约,因此客户端必须选择是否要认可该服务器提供的相关网络参数的租约。当决定好使用此服务器的网络参数租约后,客户端便开始使用这组网络参数来设置自己的网络环境。此外,客户端也会发送一个广播封包给所有物理网段内的主机,告知已经接受该服务器的租约。此时若有第二台以上的 DHCP 服务器,则这些没有被接受的服务器会收回该 IP 租约。至于被接受的 DHCP 服务器会继续进行下面的动作。

(4)服务器端:记录该次租约行为并回复客户端已确认的响应封包信息。

当服务器端收到客户端的确认选择后,服务器会回传确认的响应封包,并且告知客户端这个网络参数租约的期限,开始租约计时。

(5)客户端脱机:不论是关闭网络接口(ifdown)、重新启动(reboot)还是关机(shutdown)等行为,皆算是脱机状态,这时服务器端就会将该 IP 回收,并放到服务器自己的备用区中,等待未来使用。

(6)客户端租约到期:前面提到 DHCP Server 端发放的 IP 有使用的期限,客户端使用这个 IP 到达期限规定的时间,而且没有重新提出 DHCP 的申请时,就需要将 IP 缴回去。这时就会造成断线,但用户也可以再向 DHCP 服务器要求再次分配 IP。

以上就是 DHCP 这个协议在服务器端与客户端的运行状态,由上面这个运行状态来看,只要服务器端设置没有问题,加上服务器与客户机在硬件联机上面确定是完好的,客户机就可以直接通过服务器取得上网的网络参数。关于上述的流程的额外说明:

(1)DHCP 服务器给予客户端的 IP 参数为固定或动态:

在上图 4-1-1 的第二步骤,服务器会比较客户端的 MAC 硬件地址,并判断该 MAC 是否需要给予一个固定的 IP，因此可以设置 DHCP 服务器给予客户端的 IP 参数主要有两种：

- 固定(Static)IP。只要客户端计算机的网络卡不更换，MAC 就不会改变。由于 DHCP 可以根据 MAC 给予固定的 IP 参数租约，所以该计算机每次都能以一个固定的 IP 连上 Internet。固定 IP 通常为服务器预留。获取 Linux 网卡的 MAC 地址有很多方式，最简单的方式就是使用 ifconfig 及 arp 来进行：

```
#1. 观察自己的 MAC 可用 ifconfig
[root@ www ~]# ifconfig | grep HW
eth0      Link encap:Ethernet    HWaddr 08:00:27:71:85:BD
eth1      Link encap:Ethernet    HWaddr 08:00:27:2A:30:14
# 因为有两张网卡，所以有两个硬件地址
#2. 观察别人的 MAC 可用 ping 配合 arp
[root@ www ~]# ping -c 3 192.168.1.254
[root@ www ~]# arp -n
Address          HWtype      HWaddress          Flags Mask      Iface
192.168.1.254    ether       00:0c:6e:85:d5:69       C          eth0
```

- 动态 IP。客户端每次连上 DHCP 服务器所取得的 IP 都不是固定的，都直接通过 DHCP 随机从未被使用的 IP 地址中分配。

如果局域网内的计算机有可能作为主机使用，必须设置成为固定 IP，否则使用动态 IP 的设置比较简单，而且使用上具有较好的弹性。

(2) 关于租约所造成的问题与租约期限：

如果观察图 4-1-1 的第四个步骤，就会发现最后 DHCP 服务器还会给予一个租约期限。设置期限，最大的优点就是可以避免 IP 被某些用户一直占用，而该用户却是 Idle(发呆)的状态。

既然有租约时间，不代表用 DHCP 取得的 IP 就要"手动"地在某个时间点去重新取得新的 IP。因为目前的 DHCP 客户端程序大多会主动地依据租约时间去重新申请 IP 的，也就是说在租约到期前 DHCP 客户端程序就已经又重新申请更新租约时间，所以除非 DHCP 主机挂机，否则所取得的 IP 应该可以一直使用下去。

假设租约期限是 T 小时，那么客户端在 $0.5T$ 会主动向 DHCP 服务器发出重新要求网络参数的封包。如果这次封包要求没有成功，那么在 $0.875T$ 后还会再次发送封包一次。正因如此，服务器端会启动 port 67 监听客户端的请求，而客户端会启动 port 68 主动向服务器发送请求。

(3) 多部 DHCP 服务器在同一物理网段的情况：

如果网络里有两台以上的 DHCP 服务器，当 Server1 先响应时，使用的就是 Server1 所提供的网络参数内容；如果是 Server2 先响应，则使用 Server2 的参数来设置客户端 PC。

注意：在练习 DHCP 服务器的设置之前，不要在已经正常运行的区域网络下测试。例如，某一次其他系的研究生在测试网络安全时，在原有的区域网上放了一台 IP 分享器，结果整栋大楼的网络都不通了。因为整栋大楼的网络是串接在一起的，而他们的学校则使用 DHCP 让客户端上网。由于 IP 分享器的设置并不能连上 Internet，所以大家都无法上网。

(二)何时需要架设 DHCP 服务器

1. 使用 DHCP 的几个时机

在某些情况之下,强烈建议架设 DHCP 主机。

(1)具有相当多设备的场合。

(2)区域内计算机数量相当多时。

2. 不建议使用 DHCP 主机的时机

(1)如果计算机数不多,则使用手动的方式来设置。

(2)在网域内的计算机,有很多机器其实是作为主机的用途,很少用户需求,没有必要架设 DHCP。

(3)更极端的情况,只有 3~4 台计算机,架设 DHCP,没有多大的效益。

(4)当管理的网域中,大多网卡都属于老旧的型号,并不支持 DHCP 协议时。

(5)如果很多用户的信息化水平都很高,也没有必要架设 DHCP。

二、部署 DHCP 服务器

(一)所需软件与文档结构

DHCP 的软件需求很简单,只要服务器端软件即可,在 CentOS 7. x 中,这个软件的名称就是 dhcp。如果系统采用默认安装,则需要自行使用 yum 来安装 dhcp。安装完毕之后,可以使用 rpm-qldhcp 来看这个软件提供了哪些文档。比较重要的文档数据如下:

1. /etc/dhcp/dhcpd. conf

这是 dhcp 服务器的主要配置文件。在某些 Linux 版本中这个文档可能不存在,如果安装了 dhcp 软件却找不到这个配置文档,就需要手动创建。

dhcp 软件在发布时都会附上一个范例文档,可以使用 rpm-ql dhcp 来查询 dhcpd. conf. sample 这个范例文档,然后将该文档复制成/etc/dhcp/dhcpd. conf 后,再手动去修改,这样设置比较容易。

2. /usr/sbin/dhcpd

启动整个 dhcp daemon 的执行文件,详细的执行方式使用 man dhcpd 来查阅。

3. /var/lib/dhcp/dhcpd. leases

DHCP 服务器端与客户端租约建立的启始与到期日就记录在这个文档中。

(二)主要配置文件/etc/dhcp/dhcpd. conf 的语法

在 CentOS 5. x 以前,这个文档都放在/etc/dhcpd. conf,新版的才放置于此处。DHCP 的设置很简单,只要将 dhcpd. conf 设置好就可以启动。但是,编辑这个文档时必须要留意下面的规范:

(1)"#"为注释标记。

(2)除了右括号")"后面之外,其他的每一行设置最后都要以";"作为结尾。

(3)设置项目语法主要为:"<参数代号><设定内容>",如 default-lease-time 259200。

(4) 某些设置项目必须以 option 来设置,基本方式为"option <参数代码> <设定内容>",如 option domain-name "your.domain.name"。

如果需要为指定的客户端设置固定 IP,就必须要知道那台计算机的硬件地址(MAC),可以使用 arp 或 ifconfig 查询接口的 MAC。

dhcpd.conf 的设置主要分为两大部分:一个是服务器运行的全局参数设置(Global);另一个是 IP 设置模式(动态或固定)。

1. 全局参数设置(Global)

假设 dhcpd 只管理一个区段的区域网络,那么除了 IP 之外的许多网络参数就可以放在全局参数设置区域中,包括租约期限、DNS 主机的 IP 地址、路由器的 IP 地址,以及动态 DNS (DDNS)更新的类型等。

(1) default-lease-time 时间:用户的计算机也能够要求一段特定长度的租约时间,但如果用户没有特别要求租约时间,就以此为预设的租约时间。后面的时间参数默认单位为秒。

(2) max-lease-time 时间:与上面的预设租约时间类似,不过这个设置值是在规范用户所能要求的最大租约时间。也就是说,用户要求的租约时间若超过此设置值,则以此值为准。

(3) option domain-name"领域":如果在/etc/resolv.conf 中设置了一个 search baidu.com,表示当要搜寻主机名时,DNS 系统会主动加上这个领域名。

(4) option domain-name-servers IP1,IP2:这个设置参数可以修改客户端的/etc/resolv.conf 配置文件。nameserver 后面跟随的是 DNS IP。特别注意设置参数最末尾为 servers。

(5) ddns-update-style 类型:因为 DHCP 客户端所取得的 IP 通常是一直变动的,所以某台主机的主机名与 IP 的对应就很难处理。此时,DHCP 可以通过 ddns 来更新主机名与 IP 的对应,可以将其设置为 none。

(6) ignore client-updates:与上一个设置值较相关,客户端可以通过 dhcpd 服务器来更新 DNS 相关的信息。

(7) option routers 路由器的地址:设置路由器的 IP 地址。

2. IP 设置模式(动态或固定)

由于 dhcpd 主要是针对局域网络来给予 IP 参数,因此在设置 IP 之前,要指定一个区域网络才行。指定区域网络的方式使用如下参数:

```
subnet NETWORK_IP netmask NETMASK_IP { ... }
```

区域网络要给予 network/netmask IP 这两个参数,如 192.168.100.0/255.255.255.0。以上设置中,subnet 与 netmask 是关键词,大写部分需要填上区域网络参数。在大括号内设置 IP 是固定的还是动态的。

(1) range IP1 IP2:在这个区域网络中,给予一个连续的 IP 群用来发放动态 IP 的设置,IP1、IP2 指的是开放的 IP 范围。例如,开放 192.168.100.101~192.168.100.200 这 100 个 IP 用来作为动态分配:

```
range 192.168.100.101 192.168.100.200;
host 主机名 { ... };
```

其中 host 就是指定固定 IP 对应到固定 MAC 的设置值。在大括号内要指定 MAC 与固定的 IP。

(2) hardware ethernet 硬件地址：利用网卡上的固定硬件地址来设置，该设置仅针对这个硬件地址有效。

(3) fixed-address IP 地址：给予一个固定的 IP 地址。

(三) 一个局域网络的 DHCP 服务器设置案例

假设办公环境中，Linux 主机除了 NAT 服务器之外还要负责其他服务器(如邮件服务器)的支持，而在后端局域网络中则想要提供 DHCP 的服务。整个硬件配置的情况如图 4-1-2 所示。

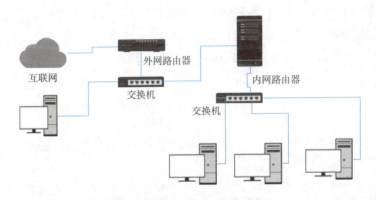

图 4-1-2 DHCP 网络拓扑

需要注意的是，在图 4-1-2 中内网路由器有两个接口(eth1 和 eth0)，其中 eth1 对内，eth0 对外，至于其他的网络参数设计为：

(1) Linux 主机对内的 eth1 的 IP 设置为 192.168.100.254。

(2) 内部网段设置为 192.168.100.0/24 这一段，且内部计算机的 Router 为 192.168.100.254。此外，DNS 主机的 IP 为 114.114.114.114 及 119.29.29.29 这两个。

(3) 用户预设租约为 3 天，最长为 6 天。

(4) 分配的 IP 段为 192.168.100.101～192.168.100.200 之间，其他的 IP 保留。

(5) 为主机名为 win10，MAC 为 08:00:27:11:EB:C2 的主机，配置 IP 为 192.168.100.30。

配置文件如下：

```
[root@ www ~]#  vim /etc/dhcp/dhcpd.conf
#1. 全局参数设置
ddns-update-style        none;              #不要更新 DDNS 的设置
ignore client-updates;                      #忽略客户端的 DNS 更新功能
default-lease-time       259200;            #预设租约为 3 天
max-lease-time           518400;            #最大租约为 6 天
option routers           192.168.100.254;   #这就是预设路由
```

```
option domain-name              "centos.vbird";#给予一个域名
option domain-name-servers114.114.114.114, 119.29.29.29;
#上面是 DNS 的 IP 设置，这个设置值会修改客户端的/etc/resolv.conf 文档内容
#2. 关于动态分配的 IP
subnet 192.168.100.0 netmask 255.255.255.0 {
     range 192.168.100.101 192.168.100.200;    #分配的 IP 范围
#3. 关于固定的 IP
host win10 {
     hardware ethernet      08:00:27:11:EB:C2;#客户端网卡 MAC
     fixed-address          192.168.100.30;   #给予固定的 IP
     }
}
```

设定好后，可以复制上面的配置文件然后修改一下，让 IP 参数符合具体的环境，就能够设置好 DHCP 服务器。接下来理论上就能够启动 dhcp，不过在某些早期的 Linux distribution 中，当 Linux 主机具有多个接口时，所进行设置可能会让多个接口同时来监听，就可能会报错。

例如，eth1 网络接口设置的参数是 192.168.100.0/24，假设还有一个 eth2 接口设置的网络参数是 192.168.2.0/24。如果 DHCP 同时监听两个网络接口，这时，192.168.2.0/24 网段的客户端发送出 dhcp 封包的要求时，取得的 IP 是 192.168.100.X，所以，就要针对 dhcpd 这个执行文件设置其监听的接口，而不是针对所有的接口都监听。在 CentOS（Red Hat 系统）可以这样做：

```
[root@ www ~]#  vim /etc/sysconfig/dhcpd
DHCPDARGS="eth0"
```

不过这种操作在 CentOS 5.x 以后的版本上面已经不需要，因为新版本的 dhcp 会主动地分析服务器的网段与实际的 dhcpd.conf 设置，如果两者无法吻合，就会出现错误提示。

（四）DHCP 服务器的启动与观察

在启动 DHCP 前，需要注意几件事情：

（1）Linux 服务器网络环境已经设置好，例如 eth1 已经是 192.168.100.254。防火墙规则已经处理好，例如：

- 允许内部区域网络联机访问。
- iptables.rule 的 NAT 服务已经设置妥当。

（2）dhcpd 使用的端口是 67，并且启动的结果会记录在/var/log/messages 文档内，最好观察一下/var/log/messages 所显示的 dhcpd 相关信息。

```
#1. 启动后观察一下端口的变化：
[root@ www ~]#  /etc/init.d/dhcpd start
[root@ www ~]#  chkconfig dhcpd on
[root@ www ~]#  netstat -tlunp | grep dhcp
Active Internet connections (only servers)
Proto Recv-Q Send-Q Local Address   Foreign Address   PID/Program name
udp        0      0 0.0.0.0:67      0.0.0.0:*         1581/dhcpd
```

```
# 2. 固定去看一下登录文件的输出信息
[root@ www ~]# tail -n 30 /var/log/messages
Jul 27 01:51:24 www dhcpd: Internet Systems Consortium DHCP Server 4.1.1-P1
Jul 27 01:51:24 www dhcpd: Copyright 2004-2010 Internet Systems Consortium.
Jul 27 01:51:24 www dhcpd: All rights reserved.
Jul 27 01:51:24 www dhcpd: For info, please visit https://www.isc.org/software/dhcp/
Jul 27 01:51:24 www dhcpd: WARNING: Host declarations are global.   They are not
limited to the scope you declared them in.
Jul 27 01:51:24 www dhcpd: Not searching LDAP since ldap-server, ldap-port and
ldap-base-dn were not specified in the config file
Jul 27 01:51:24 www dhcpd: Wrote 0 deleted host decls to leases file.
Jul 27 01:51:24 www dhcpd: Wrote 0 new dynamic host decls to leases file.
Jul 27 01:51:24 www dhcpd: Wrote 0 leases to leases file.
Jul 27 01:51:24 www dhcpd: Listening on LPF/eth1/08:00:27:2a:30:14/192.168.100.0/24
Jul 27 01:51:24 www dhcpd: Sending on   LPF/eth1/08:00:27:2a:30:14/192.168.100.0/24
....(以下省略)....
```

看到这些数据说明 DHCP 启动成功,登录结果如下:

```
Jul 27 01:56:30 www dhcpd: /etc/dhcp/dhcpd.conf line 7: unknown option
dhcp.domain-name-server
Jul 27 01:56:30 www dhcpd: option domain-name-server# 011168.
Jul 27 01:56:30 www dhcpd:
Jul 27 01:56:30 www dhcpd: /etc/dhcp/dhcpd.conf line 9: Expecting netmask
Jul 27 01:56:30 www dhcpd: subnet 192.168.100.0 network
Jul 27 01:56:30 www dhcpd:
Jul 27 01:56:30 www dhcpd: Configuration file errors encountered -- exiting
```

上述数据表示在配置文件的第 7、9 行时有点设置错误,设置错误的地方在行号下面特别标注。由上面的情况来看,第 7 行应该是 domain-name-servers 忘了加 s 了,而第 9 行则是参数出错,应该是 netmask 而非 network。

(五)内部主机的 IP 对应

/etc/hosts 会影响内部计算机在联机阶段的等待时间。在使用 DHCP 之后,如果想知道哪一台 PC 连上主机,可以将所有可能的计算机 IP 都加进/etc/hosts 文档中。在以上例子中的分配的 IP 至少有 192.168.100.30、192.168.100.101～192.168.100.200,所以/etc/hosts 可以写成:

```
[root@ www ~]# vim /etc/hosts
127.0.0.1   localhost.localdomain localhost
192.168.100.254    vbird-server
192.168.100.30    win10
192.168.100.101   dynamic-101
192.168.100.102   dynamic-102
....(中间省略)....
192.168.100.200   dynamic-200
```

这样,所有可能连进来的 IP 都已经有记录。不过,更好的解决方案则是架设内部的 DNS

服务器，从而使内部的其他 Linux 服务器不必更改/etc/hosts 就能够取得每台主机的 IP 与主机名对应。

三、设置 DHCP 客户端

DHCP 的客户端可以是 Windows，也可以是 Linux。就如图 4-1-2 所示的那样，网域内使用三台计算机。

（一）客户端是 Linux

Linux 自动获取 IP 网络参数，具体如下：

```
[root@ clientlinux ~]# vim /etc/sysconfig/network-scripts/ifcfg-eth0
DEVICE=eth0
NM_CONTROLLED=no
ONBOOT=yes
BOOTPROTO=dhcp
[root@ clientlinux ~]# /etc/init.d/network restart
```

同时记得要去掉预设路由的设置，改完之后，将整个网络重新启动（不使用 ifdown 与 ifup，因为还有预设路由要设置）。注意，如果在远程进行这个动作，由于网卡被关了，连接会断掉。所以，请在本机操作，如果执行的结果找到正确的 DHCP 主机，有几个配置文件可能会被改动：

```
#1.DNS 的 IP 会被改动，首先查阅一下 resolv.conf：
[root@ clientlinux ~]        #cat /etc/resolv.conf
search centos.zte            #domain-name
domain centos.zte            #domain-name
nameserver114.114.114.114    #在 dhcpd.conf 内的设置值
nameserver 129.29.29.29
#2. 观察一下路由
[root@ clientlinux ~]# route -n
Kernel IP routing table
Destination     Gateway         Genmask         Flags  Metric  Ref  Use Iface
192.168.100.0   0.0.0.0         255.255.255.0   U      0       0    0 eth0
0.0.0.0         192.168.100.254 0.0.0.0         UG     0       0    0 eth0
#3. 查看一下客户端的指令
[root@ clientlinux ~]# netstat -tlunp | grep dhc
Proto Recv-Q Send-Q Local Address    Foreign Address State  PID/Program name
udp        0      0 0.0.0.0:68       0.0.0.0:*              1694/dhclient
#4. 看一下客户端租约所记载的信息
[root@ clientlinux ~]# cat /var/lib/dhclient/dhclient*
lease {
  interface "eth0";
  fixed-address 192.168.100.101;  #取得的 IP
  option subnet-mask 255.255.255.0;
  option routers 192.168.100.254;
  option dhcp-lease-time 259200;
  option dhcp-message-type 5;
```

项目四 部署 Linux 网络服务

```
        option domain-name-servers 168.95.1.1,139.175.10.20;
        option dhcp-server-identifier 192.168.100.254;
        option domain-name "centos.vbird";
        renew 4 2023/01/28 05:01:24; #下一次预计更新(renew)的时间点
        rebind 5 2023/01/29 09:06:36;
        expire 5 2023/01/29 18:06:36;
}
#这个文档会记录该适配器曾经请求过的 DHCP 信息
```

其实客户端取得的数据都被记载在/var/lib/dhclient/dhclient *-eth0.leases 中。如果有多张网卡，那么每张网卡的 DHCP 请求就会被写入不同名称的文档中，分析该文档就可以了解相关数据。

dhcp 一般会随机取得 IP，为什么这个客户端 clientlinux.centos.vbird 每次都能够取得相同的固定 IP? 很简单，因为 dhclient*-eth0.leases 里面的 fixed-address 指定了固定 IP。如果 DHCP 服务器的该 IP 没有被占用，而且该固定 IP 地址在规定的设置值内，服务器就会分发这个固定 IP。如果想要不同的 IP，就需要将想要的 IP 取代上述设置值。

(二)客户端是 Windows

在 Windows 10 下设置 DHCP 协议以取得 IP 很简单。可以选择"开始"→"控制面板"→"查看网络状态和任务"→"更改适配器设置"，在打开的窗口中，双击相关网卡，打开如图 4-1-3 所示对话框。

图 4-1-3　本地连接状态对话框

单击"属性"按钮，打开如图 4-1-4 所示对话框。

选择 TCP/IP4 第四版 IP 协议，然后单击"属性"按钮就可以开始修改网络参数。

在如图 4-1-5 所示的协议版本属性对话框中，选中"自动取得 IP 地址"选项，然后单击"确定"按钮，此后 Windows 系统就会开始自动取得 IP 的工作。

如何确认 IP 已经被顺利地取得？在 Windows 2000 以后，需要使用命令提示字符来完成。可以选择"开始"→"所有程序"→"附件"→"命令提示符"来取出终端机，然后按以下方式处理：

```
C:\Users\win7> ipconfig /all
…(前面省略)…
以太网络卡区域联机:
    连接特定 DNS 后缀 . . . . . . . . : centos.zet
```

151

实践篇　网络基础服务

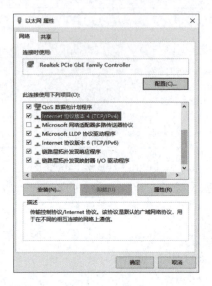

图 4-1-4　局域网络的 Windows 10 系统
　　　　　设定 DHCP 的方式

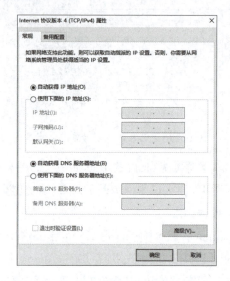

图 4-1-5　"Internet 协议版本 4(TCP/IPv4)
　　　　　属性"对话框

```
描述. . . . . . . . . . . . . . . : Intel(R) PRO/1000 MT Desktop Adapter
物理地址. . . . . . . . . . . . . : D8-BB-C1-11-EB-C2
DHCP 已启用 . . . . . . . . . . . : 是
自动设置启用 . . . . . . . . . . : 是
链接-本机 IPv6 地址. . . . . . . : fe80::ec92:b907:bc2a:a5fa% 11(偏好选项)
IPv4 地址 . . . . . . . . . . . . : 192.168.100.30(偏好选项)# 这是取得的 IP
子网掩码. . . . . . . . . . . . . : 255.255.255.0
租用取得. . . . . . . . . . . . . : 2023 年 1 月 27 日 上午 11:59:18 # 这是租约
租用到期. . . . . . . . . . . . . : 2023 年 1 月 30 日 上午 11:59:18
预设网关. . . . . . . . . . . . . : 192.168.100.254
DHCP 服务器 . . . . . . . . . . . : 192.168.100.254        #这一部 DHCP 服务器
DNS 服务器 . . . . . . . . . . . : 114.114.114.114         #取得的 DNS
                                   129.29.29.29
NetBIOS over Tcpip. . . . . . . .：启用
C:\Users\win10> ipconfig /renew
# 这样可以立即要求更新 IP 信息
```

四、DHCP 服务器端进阶观察与使用

(一)检查租约文档

客户端会主动地记录租约信息,服务器端更不能忘记记录。服务器端记录如下：

```
[root@ www ~]# cat /var/lib/dhcpd/dhcpd.leases
lease 192.168.100.101 {
    starts 2 2023/01/26 18:06:36;    #租约开始日期
    ends 5 2023/01/29 18:06:36;      #租约结束日期
    tstp 5 2023/01/29 18:06:36;
    cltt 2 2023/01/26 18:06:36;
```

```
    binding state active;
    next binding state free;
    hardware ethernet 08:00:27:34:4e:44; # 客户端网卡
}
```

从这个文档中可知有多少客户端已经申请了 DHCP 的 IP 使用。

(二)让大量 PC 都具有固定 IP 的脚本

如果有一百台计算机要管理,每台计算机都希望是固定 IP 的情况下,要如何处置？很简单,通过 DHCP 的 fixed-address 就行。但是,这一百台计算机的 MAC 如何取得？既然每台计算机最终都要开机,那么在开机之后,利用手动的方法设置好每台主机的 IP 后,再根据下面的脚本处理好 dhcpd.conf。

```
[root@ www ~]# vim setup_dhcpd.conf
# !/bin/bash
read -p "Do you finished the IP's settings in every client (y/n)? " yn
read -p "How many PC's in this class (ex> 60)? " num
if [ "$yn" = "y" ]; then
    for site in $(seq 1 ${num})
    do
        siteip="192.168.100.${site}"
        allip="$allip $siteip"
        ping -c 1 -w 1 $siteip > /dev/null 2>&1
        if [ "$?" == "0" ]; then
            okip="$okip $siteip"
        else
            errorip="$errorip $siteip"
            echo "$siteip is DOWN"
        fi
    done
    [ -f dhcpd.conf ] && rm dhcpd.conf
    for site in $allip
    do
        pcname=pc$(echo $site | cut -d '.' -f 4)
        mac=$(arp -n | grep "$site " | awk '{print $3}')
        echo " host $pcname {"
        echo "    hardware ethernet ${mac};"
        echo "    fixed-address ${site};"
        echo " }"
        echo " host $pcname {"                        >> dhcpd.conf
        echo "    hardware ethernet ${mac};"          >> dhcpd.conf
        echo "    fixed-address ${site};"             >> dhcpd.conf
        echo " }"                                     >> dhcpd.conf
    done
fi
echo "You can use dhcpd.conf (this directory) to modified your /etc/dhcp/dhcpd.conf"
echo "Finished."
```

编写这个脚本的想法很简单,如果管理的计算机都是 Linux,那么开机后使用 ifconfig eth0 YOURIP 来设置对应的 IP。在这个例子中,使用的是 192.168.100.X/24 这个区段,IP 就设置好了,然后再通过上面的脚本运行一次,每台计算机的 MAC 与 IP 就对应地写入 dhcpd.conf。然后再将其贴上/etc/dhcp/dhcpd.conf 即可。

(三)使用 ether...wake 实行远程自动开机(remote boot)

既然已经知道客户端的 MAC 地址,如果客户端的主机符合一些电源标准,并且该客户端主机所使用的网卡和主板支持网络唤醒功能,就可以通过网络让客户端计算机开机。如果有一台主机想要通过网络来启动,必须要在这台客户端计算机上进行以下操作。

首先,在 BIOS 中设置"网络唤醒"功能;其次,让这台主机接上网络线,并且电源也是接通的;然后,记下这台主机的 MAC,关机等待网络唤醒;接下来到 DHCP 服务器上(任何一台 Linux 主机均可),安装 net-tools 软件后,就会取得 ether-wake 指令,这就是网络唤醒的主要功能。假设,客户端主机的 MAC 为 11:22:33:44:55:66 并且与服务器 eth1 相连接,可以按下面操作:

```
[root@ www ~]# ether-wake -i eth1 11:22:33:44:55:66
# 更多功能可以这样查阅:
[root@ www ~]# ether-wake -u
```

这时会发现那台客户端主机被启动。以后如果要连到局域网络内,只要能够连上防火墙主机,然后通过 ether-wake 软件,就能够让局域网络内的主机启动,管控会更加方便。

例如,办公室有一台台式机是经常用来测试的机器,但是因为比较耗电,当离开办公室时,就会将计算机关闭。办公室有一台 NAT Server 负责防火墙的第一道关卡。当在家里需要查询学校台式机的数据时,如果台式机关了,通过 NAT Server 登录后,使用 ether-wake 唤醒台式机,就能够开机。

(四)DHCP 与 DNS 的关系

当局域网络内有很多 Linux 服务器时,要将 private IP 加到每台主机的/etc/hosts 中,在联机阶段的等待时间才不会有超时或者等待太久的问题。但是,如果计算机数量太多,又有很多测试机时,需要经常更新维护/etc/hosts 配置。

此时在区域网络内架设一台 DNS 服务器负责主机名解析就很重要。既然已经有 DNS 服务器帮忙进行主机名的解析,就不需要更改主机的/etc/hosts。理论上,一个好的区域网络内,应该在 DHCP 服务器上安装 DNS 服务,提供内部计算机的名称解析。

任务小结

DHCP 可以提供网络参数给客户端计算机,使其自动设置网络的功能;通过 DHCP 的统一管理,在同一网域中就不容易出现 IP 冲突的情况;DHCP 可以通过 MAC 的比对提供 Static IP(或称为固定 IP),否则通常提供客户端 Dynamic IP(或称为动态 IP);DHCP 除了 Static IP 与 Dynamic IP 之外,还可以提供租约行为的设置;在租约期限到期之前,客户端 DHCP 软件即会

项目四 部署 Linux 网络服务

主动要求更新(约 0.5、0.85 倍租约时间左右);DHCP 可以提供 MAC 比对、Dynamic IP 的范围以及租约期限等,都在 dhcpd.conf 这个文档当中设置。

一般情况下,用户需要自行设置 dhcpd.leases 这个文档,不过,真正的租约文档记录是在/var/lib/dhclient/dhclient-eth0.leases 中。

如果只是要单纯的 DHCP 服务,建议可以购买类似 IP 分享器的设备即可提供稳定且低耗电的网络服务。

DHCP 服务与 DNS 服务的相关性很高;若 DHCP 客户端取得 IP 的速度太慢,或许可以找一下有网管交换机的 STP 设置值。

任务二 搭建 DNS 服务器

任务描述

DNS(Domain Name System,域名系统),是将域名转换为 IP 地址功能的服务器。互联网或局域网服务器数量较多,IP 地址记忆比较麻烦,这就需要搭建自己的 DNS 服务器,简化对烦琐的 IP 地址的记忆,提高办公效率。DNS 服务器的搭建及客户端 DNS 的设置是本任务的重点。

任务目标

- 了解 DNS 服务器的作用。
- 掌握安装部署 DNS 服务的方法。

部署 DNS 域名服务

任务实施

DNS,可简化用户对 IP 地址的烦琐记忆,提高网络访问效率。通过在 DNS 服务器上部署 BIND 服务,实现域名和对应主机 IP 的转换。

一、了解 DNS 服务

DNS 是由解析器和域名服务器组成的。域名服务器是指保存有该网络中所有主机的域名和对应 IP 地址,并具有将域名转换为 IP 地址功能的服务器。其中,域名必须对应一个 IP 地址,而 IP 地址不一定有域名。域名系统采用类似目录树的等级结构。域名服务器为客户机/服务器模式中的服务器方,主要有两种形式:主服务器和转发服务器。域名映射为 IP 地址的过程称为"域名解析"。在 Internet 上域名与 IP 地址之间是一对一(或者多对一)的,域名虽然便于人们记忆,但机器之间只能互相认识 IP 地址,它们之间的转换工作称为域名解析。域名解析需要由专门的域名解析服务器来完成,DNS 就是进行域名解析的服务器。DNS 命名用于 Internet 等 TCP/IP 网络中,通过用户友好的名称查找计算机和服务。当用户在应用程序中输入 DNS 名称时,DNS 服务可以将此名称解析为与之相关的其他信息,如 IP 地址。例如,在上

155

网时输入的网址,是通过域名解析系统解析找到了相对应的 IP 地址,这样才能上网。其实,域名最终指向的是 IP。

(一)网络主机名取得 IP 地址的渊源

1. 单一配置文档

IP 地址不便于记忆,为了解决这个问题,早期人们利用某些特定的文档将主机名与 IP 对应,通过主机名来取得该主机的 IP,这就是/etc/hosts 文档的用途。

这种方法存在缺陷,主机名与 IP 的对应数据无法自动更新到所有的计算机内,且要将主机名加入该文档仅能向 INTERNIC 注册,当 IP 数量太多时,该文档会非常大,更不利于其他主机同步。图 4-2-1 所示为早期通过单一文档进行网络联机的示意图,客户端计算机每次都要重新下载一次文档才能顺利联网。

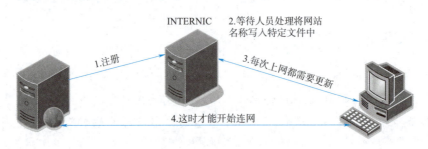

图 4-2-1　早期通过单一文档进行网络联机的示意图

2. DNS 系统

早期网络尚未流行且计算机数量不多,/etc/hosts 够用,20 世纪 90 年代网络普及后,单一文档/etc/hosts 的联网问题就遇到了瓶颈。为了解决这个日益严重的问题,柏克莱大学研发出另外一套阶层式管理主机名对应 IP 的系统,称为 BIND(Berkeley Internet Name Domain),通过分层式管理,可以轻松地进行维护工作。这也是目前全世界使用最广泛的域名系统(DNS),用户不需要知道主机的 IP,只要知道该主机的名称,就能够轻易地连上该主机。

DNS 利用类似树状目录的架构,将主机名的管理分配在不同层级的 DNS 服务器中,通过分层管理,每一台 DNS 服务器记忆的信息就不会很多,若有 IP 异动也容易修改。如果已经申请到主机名解析的授权,在自己的 DNS 服务器中,就能够修改可以查询到的主机名。

由于 IPv4 地址已经消耗殆尽,更难记忆的 128 bit 的 IPv6 逐渐得到应用,可以通过主机名解析到 IP 的 DNS 服务越来越重要。此外,全球的 WWW 主机名也都是通过 DNS 系统在处理 IP 的映射,所以,当 DNS 服务器宕机时,将无法通过主机名来联机。

DNS 如此重要,需要对与 DNS 有关的完整主机名(fully qualified domain name,FQDN)、主机名(hostname)与 IP 的查询流程,正解与反解、合法授权的 DNS 服务器的意义,以及 Zone 等知识有所认知。

FQDN 就是由"主机名与域名"组成的完整主机名称。

(二)DNS 的主机名对应 IP 的查询流程

初步了解了 FQDN 的域名与主机名之后,介绍一下 DNS 的分层架构和查询原理。

1. DNS 的分层架构与 TLDs

DNS 系统的最上层是根域(.)称为 root,早期根下管理的只有 com、edu、gov、mil、org、net 特殊域名以及以国家和地区为分类的第二层的主机名,这两者称为 TLDs(Top Level Domains,顶层域名或顶级域名):

一般顶层域名(gTLD):如.com,.org,.gov 等。

国家和地区顶层域名(ccTLD):如.cn、.uk、.jp 等。

最早 root 仅管理六大域名,含义见表 4-2-1。

表 4-2-1　域名的含义

名　　称	含　　义
com	公司、行号、企业
org	组织、机构
edu	教育单位
gov	政府单位
net	网络、通信
mil	军事单位

随着因特网的快速成长,除了上述的六大类别之外,还有诸如.asia、.info、.jobs 等领域名逐步开放。

2. 授权与分层负责

一般情况下,不可以自己设置 TLD,必须向上层 ISP 申请域名的授权才行。

每个 ccTLD 下记录的主要下层域名基本上就是原先 root 管理的那六大类。不过,各层 DNS 都能管理自己辖下的主机名或子域名。

DNS 系统是分层式的管理,每个上一层的 DNS 服务器所记录的信息,只有其下一层的主机名,至于再下一层,则直接"授权"给下层的某台主机来管理。

这样设计的优点:每台主机管理的只有下一层主机名对应的 IP,所以减少了管理上的困扰。而下层客户端如果有问题,只要询问上一层的 DNS 服务器即可。

3. 通过 DNS 查询主机名 IP 的流程

用户在浏览器输入 http://www.baidu.com 地址时,计算机就会依据相关设置(在 Linux 下就是利用/etc/resolv.conf 配置文件)所提供的 DNS 的 IP 去进行联机查询。本地 DNS 服务器(以 129.29.29.29 为例)会按以下步骤工作:

(1)在收到用户的查询要求时,查看本身有无记录,若无则向".(root)"查询。由于 DNS 是分层式的架构,每台主机都会管理自己辖下的主机名解析。如果当前的域名服务器无法解析查询地址,就会向最顶层,也就是".(root)"的服务器查询相关 IP 信息。

(2)向最顶层的".(root)"查询,询问 www.baidu.com 在哪里。由于".(root)"只记录了

.com 的信息，所以 root 返回 .com 的服务器信息。

(3) 到 .com 去查询，逐层解析，并获得 14.215.177.38 的主机 IP 地址。

(4) 记录暂存内存并回复用户，查到了正确的 IP 后，先记录一份查询的结果暂存在自己的 Cache 中，以方便响应下一次的相同要求，最后则将结果回复给客户端，暂存在 Cache 中的数据是有时间性的，超过了 DNS 设置的暂存时间就会被释放。

4. DNS 使用的端口号

DNS 使用的端口是 53。对 Linux 下的 /etc/services 文档，搜索一下 domain 这个关键词，就可以查到 53 这个端口。

通常 DNS 是以 UDP 这个较快的数据传输协议来查询，万一没有办法查询到完整的信息，就会再次以 TCP 协议来重新查询。所以，启动 DNS 的守护进程（就是 named）时，会同时启动 TCP 及 UDP 的端口 53。所以，防火墙也要同时开放 TCP 和 UDP 的端口 53。

(三) 合法 DNS 的关键：申请域查询授权

向上层域注册取得合法的域查询授权：

申请一个合法的主机名需要注册，注册取得的资料有两种：一种是 FQDN（主机名）；另一种是申请域查询权。

要让主机名与 IP 映射且让其他计算机都可以查询到，有两种方式：上层 DNS 授权域查询权，自己设置 DNS 服务器；由上层 DNS 服务器帮助设置对应主机名。

拥有域查询权后，所有的主机名信息都以自己为准，与上层无关。

在申请域查询时 ISP 会要求填写：DNS 服务器名称；该服务器的 IP。

(四) 主机名交由 ISP 代管还是自己设置 DNS 服务器

申请主机名或域名主要有两种方式：上面提到的 DNS 授权，或者直接交给 ISP 来管理。交给 ISP 管理的称作域名代管。

注意：由于 DNS 架设之后，会多出一个监听的端口，所以理论上是比较不安全的。而且，由于因特网现在都是通过主机名在联机，在了解上面谈到的主机名查询流程后会发现，DNS 设置错误是很麻烦的，因为主机名再也找不到。所以，这里给出具体的建议：

1. 需要架设 DNS 的时机

(1) 负责需要连上 Internet 的主机数量庞大：例如，一个人负责整个公司的十几台网络服务器，而这些服务器都是挂载公司网域之下的，这时想要不架设 DNS 非常难。

(2) 需要时常修改服务器的名字，或者是服务器有随时增加的可能性与变动性。

2. 不需要架设 DNS 的时机

(1) 网络主机数量很少：例如，家里或公司只需要一台邮件服务器时。

(2) 可以直接请上层 DNS 主机管理员帮助设置好对应的主机名时。

(3) 对于 DNS 的认知不足时，如果架设反而容易造成网络不通的情况。

(4) 架设 DNS 的费用很高。

(五) DNS 数据库的记录：正解、反解、Zone 的意义

从前面的查询流程中可知，最重要的就是 DNS 服务器内的记录信息。这些记录可以称为

数据库,而在数据库中针对每个要解析的域(domain)称为一个区域(zone)。那么到底有哪些要解析的域名?基本上,有从主机名查到 IP 的流程,也有从 IP 反查到主机名的方式。因为最早 DNS 的任务就是将主机名解析为 IP,因此:

(1)从主机名查询到 IP 的流程称为正解。

(2)从 IP 反解析到主机名的流程称为反解。

(3)不管是正解还是反解,每个域的记录就是一个区域。

1. 正解的设置权以及 DNS 正解 zone 记录的标志

正解的重点在于由主机名查询到 IP,而且每台 DNS 服务器还要定义清楚,同时,可能还需要架设 master/slave 架构的 DNS 环境,因此,正解 Zone 通常具有以下几种标志:

(1)SOA:开始验证(start of authority)的缩写。

(2)NS:名称服务器(nameserver)的缩写。

(3)A:地址(address)的缩写。

2. 反解的设置权以及 DNS 反解 Zone 记录的标志

反解主要是由 IP 找到主机名,因此重点是 IP 的所有人是谁。因为 IP 都是国际互联网络信息中心(INTERNIC)发放给各家 ISP 的,所以,能够设置反解的就只有 IP 的拥有人,即 ISP 才有权力设置反解。

反解的 Zone 主要记录的信息除了服务器必备的 NS 及 SOA 之外,最重要的就是 PTR(pointer),后面记录的数据就是反解到的主机名。

3. 每台 DNS 都需要的正解 Zone:hint

一个正解或一个反解就可以称为一个 Zone,"."的 Zone 是特别重要的。当 DNS 服务器在自己的数据库找不到所需的信息时,一定会去找".",所以就要有记录"."在哪里的 Zone 才行。这个记录"."的 Zone 的类型就称为 hint 类型,这几乎是每个 DNS 服务器都需要知道的 Zone。

所以说,一部简单的正解 DNS 服务器,基本上需要有两个 Zone 才行:一个是 hint;另一个是关于自己领域的正解 Zone。以注册的 vbird.org 为例,在 DNS 服务器内,至少就要有这两个 Zone:

(1)hint(root):记录"."的 Zone。

(2)vbird.org:记录 . vbird.org 这个正解的 Zone。

这里没有 vbird.org 这个要解析的域所属 IP 的反解 Zone,是因为反解需要 IP 协议的上层来设置才可以。

4. 正反解是否一定要成对

在很多的情况下,会产生很多莫名其妙的域名,所以,经常只有正解的设置需求。

事实上,需要正反解成对需求的大概仅有邮件服务器。由于网络带宽经常被垃圾、广告邮件占用,对于合法的邮件服务器的规定也就越来越严格。如果想要架设邮件服务器,最好具有固定 IP,这样才能向 ISP 要求设置反解。

(六)DNS 数据库的类型:hint、master/slave 架构

DNS 越来越重要,所以,如果注册过域名就可以发现,现在 ISP 都要求用户填写两台 DNS

服务器的IP,作为后备使用。

但是,如果有两台以上的DNS服务器,在网络上会随机查询一台,两台DNS服务器的内容要保持一致。否则,由于数据不同步,会造成其他用户无法取得正确数据的问题。

为了解决这个问题,在".(root)"这个hint类型的数据库文档外,还有两种基本类型:Master(主)数据库与Slave(从)数据库类型。Master/Slave用来解决不同DNS服务器上的数据同步问题。

1. Master 类型

这种类型的DNS数据库中,所有的主机名等相关信息,都要管理员手动去修改与设定,设置完毕还要重新启动DNS服务去读取正确的数据库内容,完成数据库更新。一般来说,DNS架设就是指设置这种数据库的类型。同时,这种类型的数据库,还能够提供数据库内容给slave的DNS服务器。

2. Slave 类型

通常不会只有一台DNS服务器,Slave必须要与Master相互搭配。如果必须要有三台主机提供DNS服务,且三台主机内容相同,只要指定一台服务器为Master,其他两台为该Master的Slave服务器即可。当要修改一个名称对应时,手动更改Master服务器的配置文件,重新启动BIND服务后,其他两台Slave就会自动地被通知更新。

3. Master/Slave 的查询优先权

所有DNS服务器都需要同时提供Internet上的域名解析服务,不论是Master还是Slave服务器,都必须要同时提供DNS的服务。因为在DNS系统中,域名的查询是"先抢先赢"的状态,不知道哪一台主机的数据会先被查询到,为了提供良好的DNS服务,每台DNS主机都需要能正常工作。而且,每一台DNS服务器的数据库内容需要完全一致,否则就会造成客户端找到的IP是错误的。

4. Master/Slave 数据的同步化过程

Slave是需要更新来自Master的数据,所以当Slave在设置之初就需要存在Master才行。基本上,不论Master还是Slave的数据库,都会有一个代表该数据库新旧的"序号",这个序号数值的大小是会影响要更新的动作的。更新的方式主要有两种:

(1)Master主动告知:例如,在Master修改了数据库内容,并且加大数据库序号后,重新启动DNS服务,master会主动告知Slave来更新数据库,此时就能够达成数据同步。

(2)由Slave主动提出要求:基本上,Slave会定时地向Master查看数据库的序号,当发现Master数据库的序号比Slave自己的序号还要大(代表比较新)时,Slave就会开始更新。如果序号不变,就判断数据库没有变动,因此不会进行同步更新。

二、安装部署 DNS 服务

(一)架设 DNS 所需要的软件

查看DNS安装情况:

```
[root@ www~]# rpm -qa | grep '^bind'
bind-libs-9.7.0-5.P2.el6_0.1.x86_64          #bind与相关指令使用的函数库
bind-utils-9.7.0-5.P2.el6_0.1.x86_64         #客户端搜寻主机名的相关指令
bind-9.7.0-5.P2.el6_0.1.x86_64               #bind主程序所需的软件
bind-chroot-9.7.0-5.P2.el6_0.1.x86_64
```

其中比较重要的是 bind-chroot，chroot 代表的是"改变根目录"的意思，root 代表的是根目录。早期的 bind 默认将程序启动在/var/named 中，但是该程序可以在根目录下的其他目录到处转移，因此若 bind 的程序有问题，则该程序会对整个系统造成危害。为避免出现这个问题，将某个目录指定为 bind 程序的根目录。由于已经是根目录，bind 便不能离开该目录。所以若该程序被攻击，仅会对某个特定目录造成破坏。CentOS 7.x 默认将 bind 锁在/var/named/chroot 目录中。

(二) BIND 的默认路径设置与 chroot

要架设好 BIND 基本上有两个主要的数据要处理：

(1) BIND 本身的配置文件：主要规范主机的设置、Zone File 的位置、权限的设置等。

(2) 正反解数据库文档(Zone File)：记录主机名与 IP 对应等。

BIND 的配置文件为/etc/named.conf，在这个文档中可以规范 Zone File 的完整文件名。也就是说，Zone File 其实是由/etc/named.conf 所指定的，所以 Zone File 文件名可以随便取，只要在/etc/named.conf 内规范正确即可。

一般来说，CentOS 7.x 的默认目录如下：

(1) /etc/named.conf：主配置文件。

(2) /etc/sysconfig/named：配置是否启动 chroot 及额外的参数等。

(3) /var/named/：数据库文档默认存放在此目录。

(4) /var/run/named：named 程序执行时默认放置 pid-file 在此目录内。

(三) /etc/sysconfig/named 与 chroot 环境

为了系统的安全，目前各主要发行版本都已经自动地将 bind 相关程序给 chroot(Change Root 改变了程序执行时所参考的根目录位置)。chroot 所指定的目录记录在/etc/sysconfig/named 中，查看 chroot 目录：

```
[root@ www ~]# cat /etc/sysconfig/named
ROOTDIR= /var/named/chroot
```

事实上该文档内较有意义的只有下面一行，意思是将 named 给 chroot，并且变更的根目录为/var/named/chroot。由于根目录已经被变更到/var/named/chroot，但 bind 的相关程序是需要/etc、/var/named、/var/run 等目录的，所以实际上 bind 的相关程序所需要的所有数据会在：

(1) /var/named/chroot/etc/named.conf。

(2) /var/named/chroot/var/named/zone_file1。

(3) /var/named/chroot/var/named/zone_file。

(4) /var/named/chroot/var/run/named/。

CentOS 7.x 已经将 chroot 所需要使用到的目录，通过 mount --bind 的功能进行目录链接。

例如，用户需要的/var/named 在启动脚本中通过 mount --bind /var/named /var/named/chroot/var/named 进行目录绑定。所以在 CentOS 7.x 当中，根本无须切换至/var/named/chroot/，使用正规的目录即可。

事实上，/etc/sysconfig/named 是由/etc/init.d/named 启动时所读入的，所以也可以直接修改/etc/init.d/named 这个 script。

（四）单纯的 cache-only DNS 服务器与 forwarding 功能

对于只需要"."这个 Zone File 的没有公开的 DNS 数据库的服务器，称为 cache-only（仅缓存）DNS 服务器。顾名思义，这个 DNS 服务器只有快速搜寻结果的功能，也就是说，其本身并没有主机名与 IP 正反解的配置文件，完全是通过对外的查询来提供它的数据源。

Forwarding DNS(转发 DNS 服务器)相当于代理服务器，把请求转发给解析服务器。

（五）实际设置 cache-only DNS server

如何在 Linux 主机上架设一台 cache-only 的 DNS 服务器？因为不需要设置正反解的 Zone（只需要"."的 Zone 支持即可），所以只要设置一个文档（named.conf 主配置文件）即可。另外，cache-only 只要加上个转发的设置即可指定 forwarding 的数据，所以下面将设置具有 forwarding 的 cache-only DNS 服务器。

1. 编辑主要配置文件：/etc/named.conf

虽然具有 chroot 的环境，但是由于 CentOS 7.x 已经通过启动脚本进行文档与目录的挂载链接，所以直接修改/etc/named.conf 即可，不需要再去/var/named/chroot/etc/named.conf 修改。在这个文档中，主要定义跟服务器环境有关的设置，以及各个 Zone 的领域及数据库所在文件名。在这个案例中，因为使用了 forwarding 的机制，所以这个 cache-only DNS 服务器并没有 Zone，只要设置好跟服务器有关的设置即可。设置这个文档时要注意：批注数据是放置在两条斜线"//"后面接的数据；每个段落之后都需要以分号";"作为结尾。

将这个文档简化为如下样式：

```
[root@ www ~]# cp /etc/named.conf /etc/named.conf.raw
[root@ www ~]# vim /etc/named.conf
//参考以下的样式
options {
    listen-on port 53{ any; };      //可不设置,代表全部接受
    directory "/var/named";         //数据库默认放置的目录
    dump-file "/var/named/data/cache_dump.db";   //一些统计信息
    statistics-file "/var/named/data/named_stats.txt";
    memstatistics-file "/var/named/data/named_mem_stats.txt";
    allow-query { any; };           //可不设置,代表全部接受
    recursion yes;                  //将自己视为客户端的一种查询模式
    forward only;                   //可暂时不设置
    forwarders {                    //是重点
        168.95.1.1;                 //先用此 DNS 作上层
        139.175.10.20;              //再用 seednet 作上层
```

```
        };
};
```

将大部分数据都予以删除,只将小部分保留的数据加以少量修订。在 named.conf 结构中,与服务器环境有关的是由 options 这个项目内容设置的,因为 options 中还有很多子参数,所以就以大括号{}包起来。至于 options 内的子参数,在上面提到的较重要的项目简单叙述如下:

(1)`listen-on port 53 { any; };`

监听在这台主机系统上的那个网络接口。默认是监听 localhost,即只有本机可以对 DNS 服务进行查询。这里要将大括号内的数据改写成 any,可以监听多个接口,因此 any 后面要加上分号才算结束。另外,这个项目如果忘记写也没有关系,因为默认是对整个主机系统的所有接口进行监听的。

(2)`directory "/var/named";`

意思是,如果此文档下有规范到正、反解的 Zone File 时,应该存放在哪个目录下。

(3)`dump-file,statistics-file,memstatistics-file`

与 named 这个服务有关的许多统计信息,如果想要输出成为文档,预设的文档名就如上所述。

(4)`allow-query { any; };`

这是针对客户端的设置,到底谁可以对 DNS 服务提出查询请求的意思。原本的文档内容默认是针对 localhost 开放,这里改成对所有的用户开放(防火墙也得放行)。默认 DNS 就是对所有用户放行,这个值也可以不用设置。

(5)`forward only;`

此项设置可以让 DNS 服务器仅进行转发。

(6)`forwarders { 168.95.1.1; 139.175.10.20; };`

既然有 forward only,那么到底要对哪台上层 DNS 服务器进行传递?这就是 forwarders 设置值的重要性。由于担心上层 DNS 服务器也可能会挂掉,因此可以设置多部上层 DNS 服务器,每一个 forwarder 服务器的 IP 都需要有";"作为结尾。

2. 启动 named 并观察服务的端口

启动完毕之后,观察一下由 named 所开启的端口,查看哪些端口会被 DNS 用到。

```
# 1. 启动一下 DNS
[root@ www ~]# /etc/init.d/named start
Starting named:                                    [  OK  ]
[root@ www ~]# chkconfig named on
# 2. 到底用了多少端口
[root@ www ~]# netstat -utlnp | grep named
Proto Recv-Q Send-Q Local Address        Foreign Address  State     PID/Program name
tcp       0      0 192.168.100.254:53   0.0.0.0:*        LISTEN    3140/named
tcp       0      0 192.168.1.100:53     0.0.0.0:*        LISTEN    3140/named
tcp       0      0 127.0.0.1:53         0.0.0.0:*        LISTEN    3140/named
tcp       0      0 127.0.0.1:953        0.0.0.0:*        LISTEN    3140/named
tcp       0      0 ::1:953              :::*             LISTEN    3140/named
```

udp	0	0	192.168.100.254:53	0.0.0.0:*	3140/named
udp	0	0	192.168.1.100:53	0.0.0.0:*	3140/named
udp	0	0	127.0.0.1:53	0.0.0.0:*	3140/named

DNS 会同时启用 UDP/TCP 的端口 53，而且是针对所有端口，因此上面的数据并没有什么特异的部分。端口 953 用于 named 的远程控制，称为远程名称解析服务控制（remote name daemon control，RNDC）。默认的情况下，仅有本机可以针对 RNDC 来控制。

3. 检查/var/log/messages 的内容

named 这个服务的记录文件直接放置在/var/log/messages，查看几行登录信息：

```
[root@ www ~]# tail -n 30 /var/log/messages | grep named
Aug  4 14:57:09 www named[3140]: starting BIND 9.7.0-P2-RedHat-9.7.0-5.P2.el6_0.1 -u named
 -t /var/named/chroot  # 说明的是 chroot 在哪个目录下
Aug  4 14:57:09 www named[3140]: adjusted limit on open files from 1024 to 1048576
Aug  4 14:57:09 www named[3140]: found 1 CPU, using 1 worker thread
Aug  4 14:57:09 www named[3140]: using up to 4096 sockets
Aug  4 14:57:09 www named[3140]: loading configuration from '/etc/named.conf'
Aug  4 14:57:09 www named[3140]: using default UDP/IPv4 port range: [1024, 65535]
Aug  4 14:57:09 www named[3140]: using default UDP/IPv6 port range: [1024, 65535]
Aug  4 14:57:09 www named[3140]: listening on IPv4 interface lo, 127.0.0.1#53
Aug  4 14:57:09 www named[3140]: listening on IPv4 interface eth0, 192.168.1.100#53
Aug  4 14:57:09 www named[3140]: listening on IPv4 interface eth1, 192.168.100.254#53
Aug  4 14:57:09 www named[3140]: generating session key for dynamic DNS
Aug  4 14:57:09 www named[3140]: command channel listening on 127.0.0.1#953
Aug  4 14:57:09 www named[3140]: command channel listening on ::1#953
Aug  4 14:57:09 www named[3140]: the working directory is not writable
Aug  4 14:57:09 www named[3140]: running
```

上面最重要的是第三行出现的"-t..."指出的 chroot 目录。

4. 测试

如果 DNS 服务器具有连上因特网的功能，可通过 dig www.baidu.com @127.0.0.1 这个基本指令进行测试，如果找到 baidu 的 IP，并且输出数据的最下面显示 SERVER：127.0.0.1#53(127.0.0.1)字样，就代表测试成功。

任务小结

学完本项目，可了解 DHCP 的概念、工作原理、搭建过程及一些深入的内容，也知道了 DNS 的定义及软件种类。特别对于 DHCP 的搭建过程至关重要，用户必须重点掌握，包括服务端和客户端的设置、最后实现。对于 DNS，用户必须清楚它的工作原理，这对于以后为企业搭建各种满足需求的基本服务器有重大的参考意义。

※思考与练习

一、填空题

1. 若网域内计算机较多，无法单台配置 IP，则需要_____服务器分配 IP。

2. 若想在 DHCP 服务器上固定自己的 IP，则需要绑定_____地址。

3. DHCP 的主要配置文件是_____。

4. DNS 域名系统主要负责主机名和_____之间的解析。

5. Linux 系统中通常所使用的 DNS 软件是_____。

二、判断题

1. DHCP 的全称为 dynamic host configuration protocol。　　　　　（　　）

2. DHCP 适用于任何情况的局域网络。　　　　　　　　　　　　　（　　）

3. 设置服务器 DHCP 配置文件是/etc/dhcp/dhcpd.conf。　　　　　　（　　）

4. 绑定 MAC 地址后，从 DHCP 获取的 IP 就是固定的。　　　　　　（　　）

5. DNS 系统是一种分布式、阶层式主机名管理架构。　　　　　　　（　　）

三、选择题

1. 查询已安装软件包 dhcp 内所包含文件列表的命令是（　　）。
   A. rpm -qa dhcp　　　　　　　　B. rpm -ql dhcp
   C. rpm -qp dhcp　　　　　　　　D. rpm -qf dhcp

2. DHCP 的主配置文件是（　　）。
   A. /etc/dhcp/dhcpd.conf.sample　　B. /etc/dhcp/dhcpd.conf
   C. /usr/sbin/dhcpd　　　　　　　　D. /var/lib/dhcp/dhcpd.leases

3. DNS 的监听端口是（　　）。
   A. 51　　　　B. 52　　　　C. 53　　　　D. 54

4. DHCP 是动态主机配置协议的简称，其作用是可以使网络管理员通过一台服务器来管理一个网络系统，自动地为一个网络中的主机分配（　　）地址。
   A. 网络　　　B. MAC　　　C. TCP　　　D. IP

5. 启动 DNS 服务的守护进程的指令是（　　）。
   A. httpd start　　B. httpd stop　　C. named start　　D. named stop

四、简答题

1. 什么是 DHCP？

2. DHCP 有哪三种机制分配 IP 地址？

3. 在哪些情况下需要架设 DHCP 服务器？

4. 在哪些情况下不建议架设 DHCP 服务器？

5. DHCP 的主要作用是什么？

6. 客户端如何跟 DHCP 服务端建立连接？

7. DHCP 有哪三种机制？

8. DHCP 协议采用什么模型？

9. FQDN 指什么？

10. DNS 指什么？

项目五

部署 Linux 时间服务

任务 部署 NTP 时间服务

任务描述

服务器问题发生的时间点判断,需要每一台主机的时间同步化。例如,之前讲到的租约时间、网络检测需要与时间对应。所以,根据不同时区实现对各个服务器的时间同步尤为重要。这里 NTP(network time protocol,网络时间协议)时间服务器就起到这个作用,本任务将完成 NTP 服务器的安装设置。

任务目标

- 了解 NTP 时间服务。
- 掌握 NTP 时间服务的部署方法。
- 掌握客户端的时间更新方式。

任务实施

每一台主机的时间都不相同,如何判断问题发生的时间点?在 Linux 安装部署好以后,有时会发现系统时间慢或者快了,这时可以调整系统时区来修改。NTP 通信协议包括软时钟 NTP 协议和硬时钟 BIOS 硬件计时实现时间同步。服务器部署软时钟 NTP 服务应用,需要安装 NTP 软件,设置启动 NTP 实现时间服务端。客户端可以手动校对时间或者通过网络与 NTP 服务器时间同步来校对时间。

一、了解 NTP 时间服务

每一台主机时间同步非常重要,如客户端/服务器端所需要的租约时间限制、网络侦测时所需要注意的时间点。

(一)时区

世界各个国家和地区的经度不同,该国家和地区的地方时间也各不相同,人类使用一天 24

小时来分隔时间,因此按照经度的不同将地球划分成 24 个时区。

以下简要列出各个时区的名称与所在经度,以及与 GMT(Greenwich Mean Time,格林尼治标准时间)时间的时差,见表 5-1-1。

表 5-1-1 时区信息表

标准时区	经度	时差
GMT,Greenwich Mean Time	0 W/E	标准时间
CET,Central European	15 E	+1 东一区
EET,Eastern European	30 E	+2 东二区
BT,Baghdad	45 E	+3 东三区
USSR,Zone 3	60 E	+4 东四区
USSR,Zone 4	75 E	+5 东五区
Indian,First	82.3E	+5.5 东五半区
USSR,Zone 5	90 E	+6 东六区
SST,South Sumatra	105 E	+7 东七区
JT,Java	112 E	+7.5 东七半区
CCT,China Coast	120 E	+8 东八区
JST,Japan	135 E	+9 东九区
SAST,South Australia	142 E	+9.5 东九半区
GST,Guam	150 E	+10 东十区
NZT,New Zealand	180 E	+12 东十二区
Int'l Date Line	180 E/W	国际日期变更线
BST,Bering	165 W	−11 西十一区
SHST,Alaska/Hawaiian	150 W	−10 西十区
YST,Yukon	135 W	−9 西九区
PST,Pacific	120 W	−8 西八区
MST,Mountain	105 W	−7 西七区
CST,Central	90 W	−6 西六区
EST,Eastern	75 W	−5 西五区
AST,Atlantic	60 W	−4 西四区
Brazil,Zone 2	45 W	−3 西三区
AT,Azores	30 W	−2 西二区
WAT,West Africa	15 W	−1 西一区

(二)Coordinated Universal Time(UTC)与系统时间的误差

1880 年,时间标准以 GMT 时间为主,即以太阳通过英国伦敦原皇家格林尼治天文台的那一刻作为计时的标准。地球自转轨道及公转轨道并非正圆,地球自转速度逐年递减,GMT 时间与目前计时的时间产生了误差。

最准确的时间计算应该是使用"原子振荡周期"所计算的物理时钟(Atomic Clock,也称为原子钟,理论精度可以达到每 2 000 万年才误差 1 s),这也被定义为标准时间。而常见的 UTC (universal time coordinated,协和标准时间)就是利用原子钟为基准所定义出来的。

计算机主机的 BIOS 内部就含有一个原子钟,主要是利用计算晶芯片(Crystal)的原子振荡周期计时。由于不同晶片的差异性,导致 BIOS 的时间会产生误差。

这时,就需要"网络校时"(network time protocol,NTP)功能。

(三)NTP 通信协议

Linux 操作系统计时方式是从 1970/01/01 开始计算总秒数,date 这个指令有个＋%s 参数,可以取得总秒数,这就是软件时钟。但是,计算机硬件主要是以 BIOS 内部的时间为主要的时间依据(硬件时钟),而偏偏这个时间可能因为 BIOS 内部芯片本身的问题,而导致 BIOS 时间与标准时间(UTC)有一点差异存在。所以,为了避免主机时间因为长期运行所导致的时间偏差,进行时间同步的工作就显得很重要。

那么怎么让时间同步?如果选择几台主要主机(primary server)调校时间,让几台主机的时间同步之后,再开放网络服务让客户端联机,并且提供客户端调整时间的方法,就可以达到全部的计算机时间同步运行。此时可以采用 NTP 来完成。另外,还有 DTSS(digital time synchronization service,数字时间同步服务)也可以达到相同的功能。NTP 中服务器与客户机同步时间过程如下:

(1)NTP Server 主机需要启动时钟同步服务守护进程。

(2)客户端会向 NTP Server 发送出时间调校的服务请求。

(3)NTP Server 会送出目前的标准时间给客户端。

(4)客户端接收到来自 NTP Server 的时间后,会以 NTP Server 的时间来调整自己的时间,达成网络校时的目的。

在上面的时钟同步过程中有没有想过一件事:如果客户端与服务器之间的消息传送时间过长怎么办?举例来说,重庆的 PC 主机,联机到北京的 NTP Server 主机进行时间同步,如果北京的 NTP Server 主机有太多的人喜欢上去进行网络校时,负荷太重,导致消息的回传延迟怎么办?

为了解决延迟问题,有一些程序已经设计了自动计算时间传送过程误差的功能,以更准确地校准时间。当然,校时守护程序,也同时以服务器/客户端及主/从架构来提供用户进行网络校时的动作。所谓的主/从架构有点类似 DNS 系统。例如,北京标准时间主机去国际标准时间主机校时,各大高校再与北京的标准时间服务校时,然后再与各大专院校的标准时间服务校时。这样一来,国际标准时间主机(time server)的负载就不至于太大,而用户也可以很快速地达到正确的网络校时目的。

NTP 守护程序是以 123 为连接的端口(使用 UDP 封包),所以利用 Time Server 进行时间的同步更新时,就需要使用 NTP 软件提供的 ntpdate 指令来连接 123 端口。

(四)NTP 服务器的分层概念

NTP 时间服务器采用类似(stratum,分层)架构来处理时间的同步。

NTP 服务器提供准确的时间，Stratum-1 在第一层，有外部国际标准时间 UTC 接入。NTP 获得 UTC 的时间来源可以是原子钟、天文台、卫星，也可以从 Internet 上获取。这样就有了确切而可靠的时间源。Stratum-2 在第二层，从 Stratum-1 第一层获取时间。Stratum-3 在第三层从 Stratum-2 第二层获取时间。Stratum 层的总量限制在 15 层以内。

二、部署 NTP 时间服务

NTP 服务器比较容易部署，不过 NTP 软件在不同的发行版本上面可能有不一样的名称，将软件安装好之后，配置好上层 NTP 服务器同步时间即可。如果只是想简单地进行单台主机的时间同步，不需要架设 NTP，则直接使用 NTP 客户端软件即可。

（一）所需软件与软件结构

在 CentOS 7.x，所需要的软件其实仅有 ntp，可自行使用 rpm 查找，若没有找到，可利用 yum install ntp 安装。此外，还需要时区相关的数据文件，需要的软件如下：

(1) ntp：NTP 服务器的主要软件，包括配置文件以及执行文件等。

(2) ntpdata：提供各时区对应的显示格式。

与时间及 NTP 服务器设置相关的配置文件与重要数据文件如下：

部署 NTP 时间服务（1）

(1) /etc/ntp.conf：NTP 服务器的主要配置文件，也是唯一的一个。

(2) /usr/share/zoneinfo/：由 ntpdata 所提供，为各时区的时间格式对应文件。例如，中国地区的时区格式对应文档为 /usr/share/zoneinfo/Asia/Chongqing 或者 /usr/share/zoneinfo/Asia/Shanghai，这个目录中的文档与下面要谈的两个文档（clock 与 localtime）是有关系的。

(3) /etc/sysconfig/clock：设置时区与是否使用 UTC 时间钟的配置文件。每次开机后 Linux 会自动地读取这个文档来设置系统默认要显示的时间。例如，在中国地区的本地时间设置中，这个文档内应该会出现一行 ZONE="Asia/Chongqing" 的字样，表示时间配置文件要取用 /usr/share/zoneinfo/Asia/Chongqing 这个文档。

(4) /etc/localtime：这个文档就是"本地端的时间配置文件"。clock 文档中规定了使用的时间配置文件（ZONE）为 /usr/share/zoneinfo/Asia/Chongqing，所以这就是本地端的时间。此时，Linux 系统就会将 Chongqing 文档复制一份成为 /etc/localtime，所以未来的时间显示就会以 Chongqing 时间配置文件为准。

在常用于时间服务器与修改时间的指令方面，主要有：

(1) /bin/date：用于 Linux 时间（软件时钟）的修改与显示的指令。

(2) /sbin/hwclock：用于 BIOS 时钟（硬件时钟）的修改与显示的指令，这是一个 root 才能执行的指令，因为 Linux 系统中 BIOS 时间与 Linux 系统时间是分开的，所以使用 date 指令调整了时间之后，还需要使用 hwclock 指令才能将修改过后的时间写入 BIOS 中。

(3) /usr/sbin/ntpd：主要提供 NTP 服务的程序，配置文件为 /etc/ntp.conf。

(4) /usr/sbin/ntpdate：用于客户端的时间校正，如果没有要启用 NTP 而仅想要使用 NTP 客户端功能，就会用到这个指令。

169

(二)主要配置文件 ntp.conf 的处理

部署 NTP 时间服务(2)

NTP 服务器的设置需要上层时间服务器的支持。假设 NTP 服务器所需要设置的架构如下：

（1）上层 NTP 服务器有 NTP-sop.inria.fr（中国国家授时中心）、上海交通大学网络中心，优先使用中国国家授时中心提供的时间。

（2）不对 Internet 外部网络提供服务，仅允许来自内部网络 192.168.100.0/24（内部网络地址段）的查询。

（3）侦测一些 BIOS 时钟与 Linux 系统时间的差异并写入/var/lib/ntp/drift 文档中。

1. 利用 restrict 管理权限控制

在 ntp.conf 配置文件中利用 restrict 管控权限，参数设置方式如下：

```
restrict [你的IP] mask [netmask_IP] [parameter]
```

其中，parameter 的参数描述如下：

（1）ignore：拒绝所有类型的 NTP 联机。

（2）nomodify：客户端不能使用 ntpc 与 ntpq 指令序来修改服务器的时间参数，但可以通过这台主机来进行网络校时。

（3）noquery：客户端不能够使用 ntpq、ntpc 等指令来查询时间服务器，即不对客户端提供 NTP 的网络校时服务。

（4）notrap：不提供 trap 远程事件登录（Remote Event Logging）服务功能。

（5）notrust：拒绝没有通过认证的客户端。

如果没有在 parameter 处加上任何参数，表示该 IP 或网段不受任何限制。一般来说，可以先关闭 NTP 的权限，然后再逐个启用允许登入的网段。

2. 利用 server 设定上层 NTP 服务器

上层 NTP 服务器的设置方式如下：

```
server [IP or hostname] [prefer]
```

在 Server 后端可以接 IP 或主机名，Perfer 表示"优先使用"的服务器。

3. 以 driftfile 记录时间差异

设置的方式如下：

```
driftfile [可以被 ntpd 写入的目录与文件]
```

因为默认的 NTP 主机本身的时间计算是依据 BIOS 的芯片振荡周期频率来计算的，但是这个数值与上层时间主机不一定会一致。driftfile 用来记录本地主机与上层 Time Server 沟通时所花费的时间，内容记录在 driftfile 后面指定的文件内。

（1）driftfile 后面接的文件需要使用完整的路径文件名。

（2）该文件不能是链接文件。

（3）该文件需要设置成 Ntpd 守护进程可以写入的权限。

(4) 该文件所记录的数值单位为：百万分之一秒。

driftfile 关键字后面指定链接的文件会被 Ntpd 服务自动更新，所以它的权限一定要能够让 Ntpd 写入才行。在 CentOS 7.x 默认的 NTP 服务器中，使用的 Ntpd 的所有者是 Ntp，这部分可以查阅 /etc/sysconfig/ntpd。

4. keys [key_file]

除了可以 restrict 配置限制客户端联机外，还可以通过密钥系统给客户端认证，这样，主机端会更安全。

最终，可以得到这样的配置文件（配置文件仅修改部分内容，保留大部分设置值）。

```
[root@ www ~ ]# vim /etc/ntp.conf
#1. 先处理权限方面的问题，包括放行上层服务器以及开放区域网络用户来源：
restrict defaultkod nomodify notrap nopeer noquery        #拒绝 IPv4 的用户
restrict -6 defaultkod nomodify notrap nopeer noquery     #拒绝 IPv6 的用户
restrict138.96.64.10           #放行 NTP-sop.inria.fr 进入本 NTP 服务器
restrict138.199.215.251        #放行上海交通大学网络中心 NTP 服务进入本 NTP 服务器
restrict 202.112.1.34          #放行 s1b.time.edu.cn 进入本 NTP 服务器
restrict 127.0.0.1             #底下两个是默认值，放行本机来源
restrict -6 ::1
restrict 192.168.100.0 mask 255.255.255.0nomodify # 放行区域网络来源
#2. 设置主机来源，将原本的[0|1|2].centos.pool.ntp.org 的配置替换掉
server138.96.64.10 prefer      #中国国家授时中心，NTP-sop.inria.fr 以这台主机最优先
server139.199.215.251          #上海交通大学网络中心 NTP 服务器地址
#3. 预设时间差异分析文件与暂时用不到的 keys 等，不需要更改：
driftfile /var/lib/ntp/drift
keys       /etc/ntp/keys
```

（三）NTP 的启动与观察

设置完 ntp.conf 之后就可以启动 NTP 服务器。启动与观察的方式如下：

```
#1. 启动 NTP
[root@ www ~]#  systemctl start ntpd
[root@ www ~]#  systemctl enable ntpd
[root@ www ~]#  tail /var/log/messages   # 自行检查有无错误
#2. 观察启动的端口：
[root@ www ~]#  netstat -tlunp | grep ntp
[root@ localhost ~]#  netstat -tlunp | grep ntp
[root@ localhost ~]#  netstat -tlunp | grep ntp
udp       0    0 192.168.1.120:123    0.0.0.0:*         1723/ntpd
udp       0    0 127.0.0.1:123        0.0.0.0:*         1723/ntpd
udp       0    0 0.0.0.0:123          0.0.0.0:*         1723/ntpd
udp6      0    0 fe80::250:56ff:fe21:123 :::*           1723/ntpd
udp6      0    0 ::1:123              :::*              1723/ntpd
udp6      0    0 :::123               :::*              1723/ntpd
#主要是 UDP 封包，且在端口 123
```

这样就表示 NTP 服务器已经启动，不过要与上层 NTP 服务器联机则还需要一些时间，通

常启动 NTP 后约在 15 分钟内才会和上层 NTP 服务器顺利连接。通过下面的指令来确认 NTP 服务器的更新时间：

```
[root@ www ~]# ntpstat
synchronised to NTP server（202.120.2.101）at stratum 4
    time correct to within 950 ms
    polling server every 64 s
```

这个指令可以列出 NTP 服务器是否跟上层联机。由上述的输出结果可知，时间校正约 950×10^{-3} 秒，且每隔 64 秒会主动更新时间。

```
[root@ www ~]# ntpq -p
[root@ localhost ~]# ntpq -p
remote        refid           st  t  when  poll  reach  delay   offset  jitter
* dns.sjtu.edu.cn 193.145.15.15  3  u   60   64    17   35.895  1.997   3.246
  202.112.10.60   .INIT.         16 u   -    64     0    0.000  0.000   0.000
  ntpa.nic.edu.cn .INIT.         16 u   -    64     0    0.000  0.000   0.000
```

ntpq -p 可以列出目前的 NTP 与相关的上层 NTP 的状态，上面几个字段的意义如下：

(1) remote：NTP 主机的 IP 或主机名，注意最左边的符号。

(2) 如果有"＊"，代表目前正在使用的上层 NTP。

(3) 如果是"＋"代表连线，而且可作为下一个提供时间更新的候选者。

(4) refid：参考上一层 NTP 主机的地址。

(5) st：stratum 阶层。

(6) when：几秒前曾经做过时间同步化更新的动作。

(7) poll：下一次更新在几秒之后。

(8) reach：已经向上层 NTP 服务器要求更新的次数。

(9) delay：网络传输过程中延迟的时间，单位为 10^{-6} 秒。

(10) offset：时间补偿的结果，单位与 10^{-3} 秒。

(11) jitter：Linux 系统时间与 BIOS 硬件时间的差异时间，单位为 10^{-6} 秒。

这里输出的结果时间已经很准。因为差异都在 0.001 秒以内，可以符合一般的应用。另外，也可以检查一下 BIOS 时间与 Linux 系统时间的差异，即/var/lib/ntp/drift 这个文档的内容，就能了解到 Linux 系统时间与 BIOS 硬件时钟到底差多久，单位为 10^{-6} 秒。

要让 NTP Server/Client 真的能运行，需要注意：

上述的 ntpstat 及 httpq-p 输出结果中，NTP 服务器要能够连接上层 NTP 才可以，否则客户端将无法对 NTP 服务器进行同步更新。

NTP 服务器时间不可与上层差异太大。例如，测试 NTP 服务器约在 2023/7/28 下午，如果服务器时间原本是错误的 2022/7/28，足足差了一年，那么上层服务器就不会将正确的时间传出。

（四）安全性设置

NTP 服务器在安全的相关性方面，在/etc/ntp.conf 的 restrict 参数中就已经设置了 NTP

这个守护进程的服务限制范围。所以,在 iptables 规则的脚本中,需加入以下代码:(这里以开放 192.168.100.0/24 这个网域作为范例)。

```
[root@ www ~]# vim /usr/local/virus/iptables/iptables.allow
iptables -A INPUT -i $ EXTIF -p udp -s 192.168.100.0/24 --dport 123 -j ACCEPT
[root@ www ~]# /usr/local/virus/iptables/iptables.rule
```

若还要开放其他的网段或者客户端主机,可自行修改/etc/ntpd.conf 及防火墙机制。

三、掌握客户端的时间更新方式

前面介绍了 NTP 服务器的安装与设置,如果仅有十台左右的主机,就没有架设 NTP 服务器的必要。只要能够在主机上以 NTP 客户端软件进行网络校时就能够同步化时间,没必要时时刻刻进行时间校正。但是,如果是一定要时间同步的丛集计算机群或登录服务器群,则使用时间服务器比较好。

(一)Linux 手动校时工作:date、hwclock

在软件时钟方面,可以通过 date 指令进行手动修订,但如果要修改 BIOS 记录的时间,就要使用 hwclock 这个指令来写入。相关的用法如下:

```
# date MMDDhhmmYYYY
# 选项与参数:
# MM:月份
# DD:日期
# hh:小时
# mm:分钟
YYYY:公元年
#1. 修改时间成为 1 小时后的时间
[root@ clientlinux ~]#  date
Thu Jan 12 10:38:13 CST 2023
[root@ clientlinux ~]#  date 011211382023
Thu Jan 12 11:38:00 CST 2023
# hwclock [-rw]
#选项与参数:
# -r:即 read,读出目前 BIOS 内的时间参数
# -w:即 write,将目前的 Linux 系统时间写入 BIOS 中
#2. 查阅 BIOS 时间,并且写入更改过的时间
[root@ clientlinux~]#  date; hwclock -r
Thu Jan 12 10:36:30 CST 2023
Thu 12 Jan 2023 10:36:31 AM CST  -0.163739 seconds
#看一下是否刚好差异约一小时,这就是 BIOS 时间
[root@ clientlinux ~]#  hwclock -w; hwclock -r; date
Thu 12 Jan 2023 10:37:48 AM CST  -0.173329 seconds
Thu Jan 12 10:37:47 CST 2023
#这样就写入时间,所以软件时钟与硬件时钟就同步
```

当进行完 Linux 时间的校时后,还需要以 hwclock 来更新 BIOS 的时间,因为每次重新启动时,系统会重新由 BIOS 将时间读出来,所以 BIOS 才是重要的时间依据。

(二) Linux 的网络校时

Linux 系统中可通过 NTP 客户端程序 NTPDATE 进行时间同步。不过，由于 NTP 服务器已经与上层时间服务器进行了时间的同步。NTPDATE 客户端程序与 NTPD 时间同步服务不能同时启用，所以，NTPDATE 客户端程序指令不要在 NTP 服务器上执行。

```
[root@ clientlinux ~]# ntpdate [-dv] [NTP IP/hostname]
选项与参数：
-d:调试模式(debug)，显示调试信息
-v:有更多信息显示
//与中国国家授时中心服务器进行时钟同步
[root@ clientlinux ~]# ntpdate ntp-sop.inria.fr
12 Jane 17:19:33ntpdate[3432]: step time server 138.96.64.10 offset -2 sec
//offset 显示微调的秒数
[root@ localhost ~]# date; hwclock -r
Thu Jan 12 10:36:30 CST 2023
Thu 12 Jan 2023 10:36:31 AM CST   -0.163739 seconds
# 执行 hwclock -w 指令写入 BIOS
[root@ clientlinux ~]# vim /etc/crontab
# 加入这一行
30 5 * * * root (/usr/sbin/ntpdate ntp-sop.inria. && /sbin/hwclock -w) &> /dev/null
```

使用 crontab 之后，每天 5:30 Linux 系统就会自动地与中国国家授时中心服务器进行网络校时。不过，这个方式仅适合没有配置 NTP 服务的场景。如果集群环境中设备太多，为了方便系统运维和管理，最好配置 NTP 服务，客户端通过 NTP 来更新时间，修改 /etc/ntp.conf 即可。

```
[root@ clientlinux ~]# ntpdate 192.168.100.254
#由于 ntpd 的 server/client 之间的时间误差不允许超过 1 000 s,
#因此需要先手动进行时间同步，然后再设置启动时间服务器
[root@ clientlinux ~]# vim /etc/ntp.conf
# server 0.centos.pool.ntp.org
# server 1.centos.pool.ntp.org
# server 2.centos.pool.ntp.org
restrict 192.168.100.254      #放行服务器来源
server 192.168.100.254        #这就是服务器
#很简单，就是将原本的 server 项目批注，加入需要的服务器即可
[root@ clientlinux ~]# /etc/init.d/ntpd start
[root@ clientlinux ~]# chkconfig ntpd on
```

取消 crontab 的更新程序，这样客户端计算机就会主动到 NTP 服务器去更新。不过针对客户端来说，还是比较习惯使用 crontab 的方式来处理。

(三) Windows 的网络校时

Windows 在默认情况下，已经帮用户处理了网络校时的工作。用户可以将鼠标的指针指向任务栏右下角的时间来查阅网络时间服务器的设置。这里以 Windows10 为例进行讲解。

单击图 5-1-1 中的"立即同步"按钮，出现如图 5-1-2 所示的时间同步服务设置。

图 5-1-1　Windows10 提供的网络校时功能

图 5-1-2　Windows10 时间同步服务设置

在图 5-1-2 中，系统将与默认的时钟服务器完成时间同步。

任务小结

通过学习本项目,可熟悉 NTP 的通信协议、概念、安装搭建过程以及客户端时间更新方式。Linux 系统有两种时间：一种是 Linux 以 1970/01/01 开始计数的系统时间；另一种则是 BIOS 记载的硬件时间。Linux 可以通过网络校时，最常见的网络校时是 NTP 服务器，这个服务启动在 UDP 端口 123。

时区文档主要放置于 /usr/share/zoneinfo/ 目录下，而本地时区则参考 /etc/localtime；NTP 服务器之间的时间误差不可超过 1 000 秒，否则 NTP 服务会自动关闭。用户必须掌握 NTP 服务器的搭建过程或配置，才能在以后的学习和工作中得心应手。

※ 思考与练习

一、填空题

1. NTP 服务器的默认端口为_____。
2. NTP 通信协议包括_____ NTP 协议和_____ BIOS 硬件计时实现时间同步。
3. 启动 NTP 时钟服务的指令是_____。
4. 计算机内部所记录的时钟是记载于_____内的，但如果计算机上的电池没电了，或者是某些特殊因素可导致其中的数据被清除。
5. NTP 使用的是类似 Server/Client 的_____架构。

二、判断题

1. GMT 是指格林尼治标准时间。   (   )
2. NTP 时间服务器采用类似分层架构来处理时间的同步化。   (   )
3. Linux 系统 NTP 时间的主要配置文件是 ntp.conf。   (   )
4. 硬件时钟：Linux 主机硬件系统上面的时钟，例如 BIOS 记录的时间。(   )
5. 软件时钟：Linux 自己的系统时间，由 1980/01/01 开始记录的时间参数。(   )

三、选择题

1. 以下（   ）命令可用于查询 ntp 软件包在系统中安装了哪些文件。
   A. rpm-qi ntp   B. rpm-qf ntp
   C. rpm-ql ntp   D. rpm-qc ntp
2. 计算机内部所记录的时钟是记载于（   ）。
   A. BIOS   B. RAM
   C. SWAP   D. CPU
3. 软件时钟：由 Linux 操作系统根据（   ）开始计算的总秒数。
   A. 1960/01/01   B. 1970/01/01
   C. 1980/01/01   D. 1990/01/01
4. NTP 服务器的主要配置文件是（   ）。
   A. /var/ntp.conf   B. /usr/ntp.conf
   C. /bin/ntp.conf   D. /etc/ntp.conf
5. 默认的 NTP 服务器本身的时间计算是依据（   ）的芯片振荡周期频率来计算的。
   A. BIOS   B. CPU
   C. 硬盘   D. 内存

四、简答题

1. 简述 NTP 通信协议组成。
2. 24 个时区是依据什么来划分的？
3. 什么是 NTP？
4. 什么是软件时钟？
5. 什么是硬件时钟？
6. 什么是 GMT？
7. 什么是 UTC？
8. 什么是标准时间？
9. 什么是 DTSS？
10. 如何设置 NTP 上层服务器？

扩展篇 搭建Linux服务器

 引言

全球绝大多数数据中心的服务器都是基于 Linux 服务器平台。Linux 服务器具有很多优势。具体如下：

1. 开源

Linux 相对于其他操作系统领先的首要原因是完全免费且可用作开源用途。通过开源方式，用户可以轻松查看用于创建 Linux 内核的代码，也可以对代码进行修改和再创作。通过许多编程接口，甚至可以开发自己的程序并将其添加到 Linux 操作系统中。用户还可以对 Linux 操作系统进行自定义，以满足使用要求。

2. 稳定性

Linux 系统一直以其稳定性而闻名，它可以连续运行多年而不发生任何重大问题。事实上，很多 Linux 用户都从未在自己的环境中遇到过系统崩溃的情况。

尽管 Windows 也可以很好地执行多任务处理，但 Linux 可以在处理各种任务的同时，仍能提供坚如磐石的性能。

Windows 对每项系统配置的更改都需要重启服务器。Linux 更改大多数配置时都无须重启服务器即可生效，这也确保了 Linux 服务器最短的停机时间。

3. 安全

Linux 由最初的多用户操作系统开发的 UNIX 操作系统发展而来，在安全方面更强。只有管理员或特定用户才有权访问 Linux 内核，而且 Linux 服务器不会经常受到攻击，并且被发现的任何漏洞都会在第一时间由大批 Linux 开发人员修复。

4. 硬件

Linux 对硬件的需求很低，不需要频繁对硬件进行升级更新，并且无论系统架构或处理器如何，都能表现得非常出色。

5. 灵活性

Linux 是世界上最灵活的操作系统，可以根据需要自定义系统。使用 Linux，可以随心所欲地安装 GUI 界面或仅使用终端管理服务器；也可以选择各种工具和实用程序来管理所有与服务器相关的活动，如添加用户、管理服务和网络、安装新应用程序以及监控性能等。

Shell 是 Linux 系统中最强大的组件，允许运行各种程序并允许与内核进行交互。总的来说，Linux 提供了对服务器的完全控制、掌控权力。

6. 总体成本和维护

在总体成本方面，Linux 在使用上属于完全免费。即使购买了针对企业或组织的 Linux 发行版，也会比其他许可软件花费更少。

7. 自由

对 Linux 而言，不会被商业供应商强加产品和服务，用户可以自由选择适合需求的产品。正是这种自由使得许多大公司选择基于 Linux 的服务器来提供服务。

8. 访问开源应用程序

Linux 为开源应用程序开辟了一个新的世界，有数以千计的开源应用程序正在等待用户探索，甚至可以使用特殊界面在 Linux 服务器上运行 Windows 应用程序。

9. 易于变更

可以轻松地对 Linux 服务器进行变更，并且无须重启服务器。

10. 社区支持

Linux 社区在全球都十分活跃且使用广泛，总有数千名志愿者在线活动以解决其他 Linux 用户的问题，所以几乎在任何 Linux 论坛上发布的任何问题都会得到即时响应。而选择使用 Linux Enterprise 版本时，还会附有付费支持选项。

 学习目标

- 掌握 Apache 服务器的部署与配置。
- 掌握 LAMP 的架构与配置。
- 掌握 proxy 代理服务器的配置。
- 掌握邮件服务器的配置。
- 具备防火墙的规划设置能力。

 知识体系

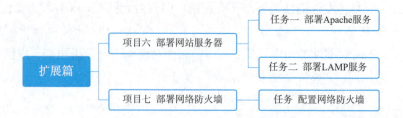

项目六

部署网站服务器

任务一 部署 Apache 服务

任务描述

Apache 服务器可以运行在 Linux、UNIX、Windows 等多种操作系统平台，Apache 服务作为 Web 网站容器，能够较好地满足 Web 服务器用户的应用需求。开放源代码、跨平台应用，支持各种网页、编程语言、模块化设计，运行非常稳定，具有良好的安全性。本任务主要学习 Apache 应用程序服务器部署和配置。

任务目标

- 了解 Apache 的起源与特点。
- 掌握 httpd 服务器的基础配置。
- 掌握 httpd 服务的访问控制方法。
- 了解 httpd 支持的虚拟主机类型。

部署 Apache 服务

任务实施

Apache 服务器是为 Web 端提供的服务应用。在 RHEL7 系统中，可以使用 Httpd 服务部署 Web 站点，通过 Httpd 服务软件的下载、安装、Httpd 服务器配置、启动实现 Web 服务的搭建。Apahce 针对客户端一些访问控制限制、用户授权限制实现业务需求。通过构建虚拟 Web 主机实现多域名访问同一台服务器主机效果。

一、了解 Apache

Apache HTTP Server 是开源软件项目的杰出代表，基于标准的 HTTP 网络协议提供网页浏览服务，在 Web 服务器领域长期保持着超过半数的份额。

（一）Apache 的起源

Apache 服务器是针对之前出现的若干个 Web 服务器程序进行整合、完善后形成的软件，其名称来源于 A Patchy Server，意思是基于原有 Web 服务程序的代码进行修改（补丁）后形成的服务器程序。

1995 年发布了 Apache 服务程序的 1.0 版本，之后一直由 Apache Group 负责该项目的管理和维护；直到 1999 年在 Apache Group 的基础上成立了 Apache 软件基金会（apache software foundation，ASF），目前 Apache 项目一直由 ASF 组织负责管理和维护。

ASF 是非营利性质的组织，最初只负责 Apache Web 服务器项目的管理。随着 Web 应用需求的不断扩大，ASF 逐渐增加了许多与 Web 技术相关的开源软件项目，因此 Apache 现在不仅代表着 Web 服务器，更广泛地代表着 ASF 管理的众多开源软件项目。

Apache HTTP Server 是 ASF 旗下最著名的软件项目之一，其正式名称是 httpd，也就是历史上的 Apache 网站服务器。在后续内容中，若未做特殊说明，使用 Apache 或者 httpd 的名称，均指的是 Apache HTTP Server。

（二）Apache 的主要特点

Apache 服务器在功能、性能和安全性等方面的表现都比较突出，可以较好地满足 Web 服务器用户的应用需求。其主要特点如下：

（1）开放源代码：Apache 服务程序由全世界的众多开发者共同维护，并且任何人都可以自由使用，这充分体现了开源软件的精神。

（2）跨平台应用：此特性得益于 Apache 开放的源代码，Apache 的跨平台特性使其具有被广泛应用的条件。

（3）支持多种网页编程语言：可支持的网页编程语言包括 PERL、PHP、Python、Java 等，使 Apache 具有更广泛的应用领域。

（4）模块化设计：Apache 并没有将所有的功能都集中在单一的服务程序内部，而是尽可能地通过标准的模块实现专有的功能，其他软件开发商可以编写标准的模块程序，来添加 Apache 本身并不具有的其他功能。

（5）运行非常稳定：Apache 服务器可用于构建具有大负载访问量的 Web 站点，很多知名的企业网站都使用 Apache 作为 Web 服务软件。

（6）良好的安全性：Apache 服务器具有相对较好的安全性，并且 Apache 的维护团队会及时对已发现的漏洞提供修补程序。

（三）Apache 的主要版本

Apache 服务器包括 1.x 和 2.x 两个版本，并且对其分别进行维护。两个版本具有一定的差异，也具有各自的特性。

1.x 系列的最高版本是 1.3，该版本分支继承了 Apache 服务器 1.0 版以来的优秀特性和配置管理风格，具有非常好的兼容性、稳定性。虽然 Apache 已经有了 2.x 版本，但目前仍然有大量的网站服务器在运行 Apache1.x。

2.x 系列中,目前的稳定版是 2.4.52。从 2.0 版开始,加入了许多新功能,使用的配置语法和管理风格也有所改变。对于新构建的网站服务器,使用 2.x 版本是一个不错的选择。

二、部署 httpd 服务

熟悉了 httpd 的安装过程及主要目录结构以后,将进一步学习使用 httpd 服务来架设 Web 站点的基本过程及常见配置。

(一)Web 站点的部署过程

在 RHEL7 系统中,使用 httpd 服务部署 Web 站点的基本过程的如下。

1. 确定网站名称、IP 地址

若要向 Internet 中发布一个 Web 站点,需要申请一个合法的互联网 IP 地址,并向 DNS 服务提供商注册一个完整的网站名称。在企业内部网络中,这些信息可以自行设置。

2. 配置并启动 httpd 服务

(1)配置 httpd 服务:编辑 httpd 服务的主配置文件 httpd.conf,查找配置项 ServerName,在附近添加一行内容 ServerName www.dict.com,用于设置网站名称。

```
[root@ www ~]# vi /usr/local/httpd/conf/httpd.conf
… //省略部分内容
ServerName www.dict.com
… //省略部分内容
```

修改 httpd.conf 文件的配置内容以后,建议使用带"-t"选项的 apachectl 命令对配置内容进行语法检查(也可使用 httpd-t 命令)。如果没有语法错误,将会显示 Syntax OK 信息,否则需要根据错误提示来修正配置。

```
[root@ www ~]# /usr/local/httpd/bin/apachectl -t
Syntax OK
```

(2)启动 httpd 服务:使用脚本文件/usr/local/httpd/bin/apachectl 或者/etc/init.d/httpd,分别通过 start、stop、restart 选项进行控制,可用来启动、终止、重启 httpd 服务。正常启动 httpd 服务以后,默认将监听 TCP 协议的 80 端口。

```
[root@ www ~]# /etc/init.d/httpd start
[root@ www ~]# netstat -anpt | grep httpd
tcp    0    0  :::80       :::*         LISTEN    30097/httpd
```

3. 部署网页文档

对于新编译安装的 httpd 服务,网站根目录位于/usr/local/httpd/htdocs/中,需要将 Web 站点的网页文档复制或上传到此目录中。httpd 服务器默认已提供了一个名为 index.html 的测试网页(可显示字串"It works!"),作为访问网站时的默认首页。

```
[root@ www ~]# cat /usr/local/httpd/htdocs/index.html
<html> <body> <h1> It works! </h1> </body> </html>
```

4. 在客户机中访问 Web 站点

在客户机的网页浏览器中,通过域名或 IP 地址访问 httpd 服务器,将可以看到 Web 站点的页面内容。

5. 查看 Web 站点的访问情况

httpd 服务器使用了两种类型的日志:访问日志和错误日志。这两种日志的文件名分别为 access_log 和 error_log,均位于 /usr/local/httpd/logs/ 目录下。

通过查看访问日志文件 access_log,可以及时了解 Web 站点的访问情况。访问日志中的每一行对应一条访问记录,记录了客户机的 IP 地址、访问服务器的日期和时间、请求的网页对象等信息。例如,当从客户机 192.168.4.110 访问 Web 站点以后,访问日志将会记录"192.168.4.110……"GET/HTTP/1.1"……"的消息。

```
[root@ www ~]# tail /usr/local/httpd/logs/access_log
192.168.4.110 - - [06/Apr/2011:14:24:06 + 0800] "GET / HTTP/1.1" 200 44
192.168.4.110 - - [06/Apr/2011:14:24:06 + 0800] "GET /favicon.ico HTTP/1.1" 404 209
```

通过查看错误日志文件 error_log,可以为排查服务器运行故障提供参考依据。错误日志文件中的每一行对应一条错误记录,记录了发生错误的日期和时间、错误事件类型、错误事件的内容描述等信息。例如,当浏览器请求的网站图标文件 favicon.ico 不存在时,将会记录"……File does not exist:……favicon.ico"的消息。

```
[root@ www ~]# tail /usr/local/httpd/logs/error_log
[Wed Apr 06 13:56:43 2011] [notice] Apache/2.2.17 (Unix) configured - resuming normal
operations
[Wed Apr 06 14:24:06 2011] [error] [client 192.168.4.110] File does not exist: /usr/local/
httpd/htdocs/favicon.ico
```

上述过程是使用 httpd 服务器部署并验证 Web 站点的基本步骤,其中涉及 httpd.conf 配置文件的改动量非常少,要搭建一台简单的 Web 服务器还是比较容易的。

(二)httpd.conf 配置文件

若要对 Web 站点进行更加具体、强大的配置,仅仅学会添加 ServerName 配置项是远远不够的,还需要进一步熟悉 httpd.conf 配置文件,了解其他各种常见的配置项。

主配置文件 httpd.conf 由注释行、设置行两部分内容组成。与大多数 Linux 配置文件一样,注释性的文字以"#"开始,包含了对相关配置内容的说明和解释。除了注释行和空行以外的内容即为设置行,构成了 Web 服务的有效配置。根据配置所作用的范围不同,设置行又可分为全局配置、区域配置。

1. 全局配置项

全局配置决定着 httpd 服务器的全局运行参数,使用"关键字值"的配置格式。例如,配置网站名称时使用的 ServerName www.benet.com,其中 ServerName 为配置关键字,而 www.benet.com 为对应的值。

每一条全局配置都是一项独立的配置,不需要包含在其他任务区域中。以下列出了

httpd.conf 文件中最常用的一些全局配置项。

```
ServerRoot "/usr/local/httpd"
Listen 80
User daemon
Group daemon
ServerAdmin webmaster@benet.com
ServerName www.benet.com
DocumentRoot "/usr/local/httpd/htdocs"
DirectoryIndex index.html index.php
ErrorLog logs/error_log
LogLevel warn
CustomLog logs/access_log common
PidFile logs/httpd.pid
CharsetDefault UTF-8
Include conf/extra/httpd-default.conf
```

在上述设置行中,各全局配置项的含义如下:

(1) ServerRoot:设置 httpd 服务器的根目录,该目录中包括运行 Web 站点必需的子目录和文件。默认的根目录为/usr/local/httpd,与 httpd 的安装目录相同。在 httpd.conf 配置文件中,如果指定目录或文件位置时不使用绝对路径,则该目录或文件位置都认为是在服务器的根目录下面。

(2) Listen:设置 httpd 服务器监听的网络端口号,默认为 80。

(3) User:设置运行 httpd 进程时的用户身份,默认为 daemon。

(4) Group:设置运行 httpd 进程时的组身份,默认为 daemon。

(5) ServerAdmin:设置 httpd 服务器的管理员 E-mail 地址,可以通过此 E-mail 地址及时联系 Web 站点的管理员。

(6) ServerName:设置 Web 站点的完整主机名(主机名+域名)。

(7) DocumentRoot:设置网站根目录,即网页文档在系统中的实际存放路径。此配置项比较容易和 ServerRoot 混淆,需要格外注意。

(8) DirectoryIndex:设置网站的默认索引页(首页),可以设置多个首页文件,以空格分开,默认的首页文件为 index.html。

(9) ErrorLog:设置错误日志文件的路径,默认路径为 logs/error_log。

(10) LogLevel:设置记录日志的级别,默认级别为 Warn(警告)。

(11) CustomLog:设置访问日志文件的路径、日志类型,默认路径为 logs/access_log,使用的类型为 common 通用格式。

(12) PidFile:设置用于保存 httpd 进程号(PID)的文件,默认保存地址为 logs/httpd.pid, logs 目录位于 Apache 的服务器根目录中。

(13) CharsetDefault:设置站点中的网页默认使用的字符集编码,如 UTF-8、gb2312 等。

(14) Include:包含另一个配置文件的内容,可以将实现一些特殊功能的配置放到一个单独的文件中,再使用 Include 配置项将其包含到 httpd.conf 文件中,这样便于独立进行配置功能的维护而不影响主配置文件。

以上配置项是 httpd.conf 文件中最主要的全局配置项,还有很多其他的配置项,在此不一一列举,如果需要使用可以查看 Apache 服务器中的相关帮助文档。

2. 区域配置项

除了全局配置项以外,httpd.conf 文件中的大多数配置都包括在区域中。区域配置使用一对组合标记,限定了配置项的作用范围。例如,最常见的目录区域配置的形式如下:

```
<Directory/>                    //定义"/"目录区域的开始
    Options FollowSymLinks      //控制选项,允许使用符号链接
    AllowOverride None          //不允许隐含控制文件中的覆盖配置
    Order deny,allow            //访问控制策略的应用顺序
    Deny from all               //禁止任何人访问此区域
</Directory>                    //定义"/"目录区域的结束
```

在以上区域定义中,设置了一个根目录的区域配置,其中添加的访问控制相关配置只对根目录有效,而不会作用于全局或其他目录区域。

三、统计网站访问情况

在 httpd 服务器的访问日志文件 access_log 中,记录了大量的客户机访问信息,通过分析这些信息,可以及时了解 Web 站点的访问情况,如每天或特定时间段的访问 IP 数、点击量最大的页面等。

可以通过编写网站日志分析程序或部署网站分析系统来进行日志数据分析。

四、httpd 服务的访问控制

(一)客户机地址限制

通过配置项 Order、Deny from、Allow from,可以根据客户机的主机名或 IP 地址来决定是否允许客户端访问。其中,Order 用于设置限制顺序,Deny from 和 Allow from 用于设置具体限制内容。

使用 Order 配置项时,可以设置为"allow,deny"或"deny,allow",以决定主机应用"允许""拒绝"策略的先后顺序。

(1)allow,deny:先允许后拒绝,默认拒绝所有未明确允许的客户机地址。

(2)deny,allow:先拒绝后允许,默认允许所有未明确拒绝的客户机地址。

使用 Allow 和 Deny 配置项时,需要设置客户机地址以构成完整的限制策略,地址的形式可以是 IP 地址、网络地址、主机名、域名,使用名称 all 时表示任意地址。限制策略的格式如下:

```
Deny from address1 address2…
Allow from address1 address2…
```

通常情况下,网站服务器是对所有客户机开放的,网页文档目录并未做任何限制,因此使用的是 Allow from all 策略,表示允许从任何客户机访问。

```
<Directory "/usr/local/httpd/htdocs">
… //省略部分内容
Order allow,deny
Allow from all
</Directory>
```

需要使用"仅允许"的限制策略时,应将处理顺序改为"allow,deny",并明确设置允许策略,只允许一部分主机访问。例如,若只希望 IP 地址为 192.168.100.101 的网管工作用机能够访问 A 系统,则针对 A 系统的目录区域应做如下设置:

```
<Directory "/usr/local/A/wwwroot">
… //省略部分内容
Order allow,deny
Allow from 192.168.100.10
</Directory>
```

反之,需要使用"仅拒绝"的限制策略时,应将处理顺序改为"deny,allow",并明确设置拒绝策略,只禁止一部分主机访问。例如,若只希望禁止来自两个内网网段 192.168.100.0/24 和 192.168.1.0/24 的主机访问,但允许其他任何主机访问,可以使用如下限制策略。

```
<Directory "/usr/local/awstats/wwwroot">
… //省略部分内容
Order deny,allow
Deny from 192.168.100.0/24 192.168.1.0/24
</Directory>
```

当从未被授权的客户机中访问网站目录时,将会被拒绝访问。在不同的浏览器中,拒绝的消息可能会略有差异。

(二) 用户授权限制

httpd 服务器支持使用摘要认证(Digest)和基本认证(Basic)两种方式。使用摘要认证需要在编译 httpd 之前添加"--enable-auth-digest"选项,但并不是所有的浏览器都支持摘要认证;而基本认证是 httpd 服务的基本功能,不需要预先配置特别的选项。

基于用户的访问控制包含认证和授权两个过程,认证(Authentication)是指识别用户身份的过程,授权(Authorization)是允许特定用户访问特定目录区域的过程。下面将以基本认证方式为例,对 AWStats 日志分析系统添加用户授权限制。

1. 创建用户认证数据文件

httpd 的基本认证通过校验用户名、密码组合来判断是否允许用户访问。授权访问的用户账号需要事先建立,并保存在固定的数据文件中。使用专门的 htpasswd 工具程序,可以创建授权用户数据文件,并维护其中的用户账号。

使用 htpasswd 工具时,必须指定用户数据文件的位置,添加"-c"选项表示新建立此文件。例如,执行以下操作可以新建数据文件/usr/local/httpd/conf/.awspwd,其中包含一个名为 webadmin 的用户信息。

```
[root@ www ~]#  cd /usr/local/httpd/
[root@ www httpd]#  bin/htpasswd -c /usr/local/httpd/conf/.awspwd webadmin
New password:                                              //根据提示设置密码
Re-type new password:
Adding password for user webadmin
[root@ www httpd]#  cat /usr/local/httpd/conf/.awspwd     //确认用户数据文件
webadmin:21mD3LVFynBAE
```

若省略"-c"选项,则表示指定的用户数据文件已经存在,用于添加新的用户或修改现有用户的密码。例如,需要向 .awspwd 数据文件中添加一个新用户 hadoop 时,可以执行以下操作。

```
[root@ www httpd]#  bin /htpasswd/usr/local/httpd/conf/.awspwd hadoop
New password:
Re-type new password:
Addingpasswordforuserhadoop
[root@ www httpd]#  cat /usr/local/httpd/conf/.awspwd     //确认用户数据文件
webadmin:21mD3LVFynBAE
tsengyia:In2Xw/K0Gc.oA
```

2. 添加用户授权配置

有了授权用户账号以后,还需要修改 httpd.conf 配置文件,在特定的目录区域中添加授权配置,以启用基本认证并设置允许哪些用户访问。例如,若只允许 .awspwd 数据文件中的任一用户访问 AWStats 系统,可以执行以下操作。

```
[root@ www ~]#  vi /usr/local/httpd/conf/httpd.conf
… //省略部分内容
<Directory "/usr/local/awstats/wwwroot">
… //省略部分内容
AuthName "AWStats Directory"
AuthType Basic
AuthUserFile /usr/local/httpd/conf/.awspwd
require valid-user
</Directory>
[root@ www ~]#  /usr/local/httpd/bin/apachectl restart     //重启服务使新配置生效
```

在上述配置内容中,相关配置项的含义如下:

(1) AuthName:定义受保护的领域名称,该内容将在浏览器弹出的认证对话框中显示。

(2) AuthType:设置认证的类型,Basic 表示基本认证。

(3) AuthUserFile:设置用于保存用户账号、密码的认证文件路径。

(4) require valid-user:要求只有认证文件中的合法用户才能访问。其中 valid-user 表示所有合法用户,若只授权给单个用户,可改为指定的用户名(如 webadmin)。

五、构建虚拟 Web 主机

虚拟 Web 主机指的是在同一台服务器中运行多个 Web 站点,其中的每一个站点实际上并不独立占用整个服务器,因此称为"虚拟的"Web 主机。通过虚拟 Web 主机服务可以充分利用服务器的硬件资源，从而大大降低网站构建及运行成本。

使用 httpd 可以非常方便地构建虚拟主机服务器，只需要运行一个 httpd 服务就能够同时支撑大量的 Web 站点。httpd 支持的虚拟主机类型包括以下三种：

（1）基于域名：为每个虚拟主机使用不同的域名，但是其对应的 IP 地址是相同的。

（2）基于 IP 地址：为每个虚拟主机使用不同的域名，且各自对应的 IP 地址也不相同。这种方式需要为服务器配备多个网络接口，因此应用并不非常广泛。

（3）基于端口：这种方式并不使用域名、IP 地址来区分不同的站点内容，而是使用了不同的 TCP 端口号，因此用户在浏览不同的虚拟站点时需要同时指定端口号才能访问。

在上述几种虚拟 Web 主机中，基于域名的虚拟主机是使用最为广泛的。另外，因不同类型的虚拟主机其区分机制各不相同，建议不要同时使用，以免相互混淆。

任务小结

通过本任务的学习，用户可熟悉 Apache 的概念、特点。Apache 服务器是为 Web 端提供的服务应用，可以运行在 Linux、UNIX、Windows 等多种操作系统平台中；Apache 的安装和配置文件实现 Web 服务器程序搭建。通过日志分析程序结合 Apache 实现访问分析，实现网站访问统计，也可以通过 httpd 服务设置对客户的访问控制。构建虚拟主机可以实现一主机多 IP 或域名的资源访问。

任务二 部署 LAMP 服务

任务描述

WWW 服务器是通过 Apache 这个服务器软件来达成的，LAMP 是开源 Web 服务套件 Linux、Apache、MySQL、PHP 的一个集合，本任务主要掌握 LAMP 的配置和部署。

任务目标

- 了解 WWW 历史概念、原理和流程。
- 了解 LAMP 概念、组成及架构原理。
- 掌握 LAMP 服务器的基本配置。

部署 LAMP 服务

任务实施

LAMP 指的是用 Linux（操作系统）、ApacheHTTP 服务器、MySQL（有时也指 MariaDB、数据库软件）和 PHP 建立 Web 应用平台，用户使用浏览器或其他程序建立客户机与服务器的连接，并发送浏览请求；Web 服务器接收到请求后，返回信息到客户机；通信完成，关闭连接。

一、了解 WWW 的历史、概念、原理和流程

（一）发展简史

20 世纪 40 年代以来，人们就梦想能拥有一个世界性的信息库。在这个信息库中，信息不仅能被全球的人们存取，而且能轻松地链接到其他地方的信息，使用户可以方便快捷地获得重要信息。

最早的网络构想可以追溯到 1980 年伯纳斯·李构建的 ENQUIRE 项目。这是一个超文本在线编辑数据库。尽管这与万维网大不相同，但是它们有许多相同的核心思想。

1989 年 3 月，伯纳斯·李撰写了《关于信息化管理的建议》一文，文中提及 ENQUIRE 并且描述了一个更加精巧的管理模型。1990 年 11 月 12 日，他和罗伯特·卡里奥（Robert Cailliau）合作提出了一个更加正式的关于万维网的建议。1990 年 11 月 13 日，他在一台 NeXT 工作站上写了第一个网页以实现他文中的想法。

1991 年 8 月 6 日，伯纳斯·李在 alt.hypertext 新闻组上贴了万维网项目简介的文章，这一天标志着因特网上万维网公共服务的首次亮相。

1993 年 4 月 30 日，欧洲核子研究组织宣布万维网对任何人免费开放，并不收取任何费用。两个月之后 Gopher 宣布不再免费，造成大量用户从 Gopher 转向万维网。

1994 年 6 月，中国新闻计算机网络（China news digest 即 CND）在其电子出版物《华夏文摘》上将 World Wide Web 称为"万维网"，其中文名称汉语拼音也是以 WWW 开始。万维网这一名称后来被广泛采用。

1994 年 10 月，麻省理工学院（MIT）计算机科学实验室成立，建立者是万维网的发明者伯纳斯·李，它是万维网联盟（W3C）的领导人，这个组织的作用是使计算机能够在万维网上不同形式的信息间更有效的存储和通信。

（二）相关概念

(1) 超文本

超文本（hypertext）由网页浏览器（web browser）程序显示，网页浏览器从网页服务器取回"文档"或"网页"的信息。用户可以通过网页上的超链接（Hyperlink）取回文件，也可以送出数据给服务器。

(2) 网页、网页文件和网站

网页是网站的基本信息单位，是 WWW 的基本文档。它由文字、图片、动画、声音等多种媒体信息以及链接组成，通过链接实现与其他网页或网站的关联和跳转。

网页文件是用 HTML（超文本标记语言）编写的，可在 WWW 上传输，能被浏览器识别显示的文本文件，其扩展名是 .htm 和 .html。

网站由众多不同内容的网页构成，网页的内容可体现网站的全部功能。通常把进入网站首先看到的网页称为首页或主页，例如，新浪、网易、搜狐就是国内比较知名的大型门户网站。

(3) HTTP

HTTP(hypertext transfer protocol,超文本传输协议)。提供了访问超文本信息的功能,是 WWW 浏览器和 WWW 服务器之间的应用层通信协议。HTTP 是用于分布式协作超文本信息系统的、通用的、面向对象的协议。通过扩展命令,它可用于类似的任务,如域名服务或分布式面向对象系统。WWW 使用 HTTP 传输各种超文本页面和数据。

HTTP 会话过程包括四个步骤:
- 建立连接:客户端的浏览器向服务端发出建立连接的请求,服务端给出响应就可以建立连接。
- 发送请求:客户端按照协议的要求通过连接向服务端发送自己的请求。
- 给出应答:服务端按照客户端的要求给出应答,把结果(HTML 文件)返回给客户端。
- 关闭连接:客户端接到应答后关闭连接。

(三) 原理和流程

1. 原理

当用户想进入万维网上的一个网页,或者其他网络资源时,首先需要在浏览器上输入所访问网页的统一资源定位符(uniform resource locator,URL),或者通过超链接方式链接到那个网页或网络资源。

接下来针对所要访问的网页,向服务器发送一个 HTTP 请求。通常情况下,HTML 文本、图片和构成该网页的其他文件很快会被逐一请求并发送回用户。

2. 流程

总体来说,WWW 采用客户机/服务器的工作模式,工作流程如下:
(1) 用户使用浏览器或其他程序建立客户机与服务器的连接,并发送浏览请求。
(2) Web 服务器接收到请求后,返回信息到客户机。
(3) 通信完成,关闭连接。

二、了解 LAMP

LAMP 是一个缩写,由一组开源 Web 服务套件组成,用来构建动态 Web 服务应用。

(一) 操作系统

Linux 操作系统有很多个不同的发行版,如 Red Hat Enterprise Linux、SuSE Linux Enterprise、Debian、Ubuntu、CentOS 等,每一个发行版都有自己的特色,如 RHEL 的稳定、Ubuntu 的易用等。基于稳定性和性能的考虑,操作系统选择 CentOS(community enterprise operating system)是一个理想的方案。

(二) LAMP 网站架构

Apache 是 LAMP 架构最核心的 Web 服务器,开源、稳定、模块丰富是 Apache 的优势。Apache 的缺点是有些臃肿,内存和 CPU 开销大,性能上有损耗,不如一些轻量级的 Web 服务器(如 Nginx)高效。轻量级的 Web 服务器对于静态文件的响应能力远高于 Apache 服务器。

Apache 作为 Web 服务器是负载 PHP 的最佳选择,如果流量很大,可以采用 Nginx 负载非 PHP 的 Web 请求。Nginx 是一个高性能的 HTTP 和反向代理服务器,它以稳定性、丰富的功能集、示例配置文件和低系统资源的消耗而闻名。Nginx 不支持 PHP 和 CGI 等动态语言,但支持负载均衡和容错,可与 Apache 配合使用,是轻量级的 HTTP 服务器的首选。

Web 服务器的缓存也有多种方案,Apache 提供了自己的缓存模块,也可以使用外加的 Squid 模块进行缓存,这两种方式均可以有效地提高 Apache 的访问响应能力。Squid Cache 是一个 Web 缓存服务器,支持高效的缓存,可以作为网页服务器的前置 Cache 服务器缓存相关请求来提高 Web 服务器的速度,把 Squid Cache 放在 Apache 的前端来缓存 Web 服务器生成的动态内容,而 Web 应用程序只需要适当地设置页面实效时间即可。如果访问量巨大,可考虑使用 MemCache 作为分布式缓存。

eAccelerator 是一个自由开放源代码的 PHP 加速器,优化和动态内容缓存,提高了 PHP 脚本的缓存性能,使得 PHP 脚本在编译状态下,对服务器的开销几乎完全消除。它还可以对脚本起优化作用,以加快其执行效率。它可使 PHP 程序代码执行效率提高 1~10 倍。

(三)数据库

开源的数据库中,MySQL 在性能、稳定性和功能上是首选,可以达到百万级别的数据存储,网站初期可以将 MySQL 和 Web 服务器放在一起,但是当访问量达到一定规模后,应该将 MySQL 数据库从 Web 服务器上独立出来,在单独的服务器上运行,同时保持 Web 服务器和 MySQL 服务器的稳定连接。

当数据库访问量达到更大的级别时,可以考虑使用 MySQL Cluster 等数据库集群或者库表散列等解决方案。

总的来说,LAMP 架构的网站性能非常优越,可以负载的访问量非常大。个人网站如果想要支撑大的访问量,采用 LAMP 架构是一个不错的方案。

综上所述,基于 LAMP 架构设计具有成本低廉、部署灵活、快速开发、安全稳定等特点,是 Web 网络应用和环境的优秀组合。

三、掌握 LAMP 服务器基本设置

(一)LAMP 所需的软件及其结构

1. 所需的软件

PHP 是挂在 Apache 下执行的一个模块,如果要用网页的 PHP 访问 MySQL,PHP 需要支持 MySQL 的模块才行。此时需要以下几个软件:

(1)httpd(提供 Apache 主程序)。

(2)mysql(MySQL 客户端程序)。

(3)mysql-server(MySQL 服务器程序)。

(4)php(PHP 主程序含给 Apache 使用的模块)。

(5)php-devel(PHP 的发展工具,这与 PHP 外挂的加速软件有关)。

(6) php-mysql(提供给 PHP 程序读取 MySQL 数据库的模块)。

Apache 目前有几种主要版本,包括 2.0.x、2.2.x 及 2.3.x 等,CentOS 7.x 则提供 Apache 2.4.x 这个版本。如果没有安装,可以直接使用 yum 或者光盘来安装。

```
# 安装必要的 LAMP 软件:php-devel 可以先忽略
[root@ www ~]# yum install httpd mysql mysql-server php php-mysql
```

2. Apache 相关结构

(1)/etc/httpd/conf/httpd.conf(主要配置文件):httpd 最主要的配置文件,其实整个 Apache 也不过就是这个配置文件,但是很多其他的发行版本都将这个文档拆成数个小文档分别管理不同的参数。

(2)/etc/httpd/conf.d/*.conf(很多的额外参数文件,扩展名是.conf):如果不想修改原始配置文件 httpd.conf,可以将额外参数文档独立出来。例如,想要有自己的额外设置值,可以将其写入/etc/httpd/conf.d/vbird.conf(注意,扩展名一定是.conf 才行),而启动 Apache 时,这个文档就会被读入主要配置文件中。这样做的好处是当系统升级时,几乎不需要更改原本的配置文件,只需要将额外参数复制到正确的位置即可,维护起来更加方便。

(3)/usr/lib64/httpd/modules/、/etc/httpd/modules/:Apache 支持很多外挂模块,例如,php 和 ssl 都是 Apache 外挂的模块。所有想要使用的模块文档默认都放置在这个目录中。

(4)/var/www/html/:这是 CentOS 默认的 Apache 首页所在目录。当输入 http://localhost 时,所显示的数据就放在这个目录的首页文件(默认为 index.html)中。

(5)/var/www/error/:如果因为服务器设置错误,或者浏览器端要求的数据出现错误,在浏览器上出现的错误信息就以这个目录的默认信息为主。

(6)/var/www/icons/:这个目录提供 Apache 默认的一些小图标,可以随意使用。

(7)/var/www/cgi-bin/:默认可执行 CGI(网页程序)程序的存放目录。

(8)/var/log/httpd/:默认的 Apache 登录文件都放在这里,对于流量比较大的网站来说,要时刻关注这个目录,因为以网站的流量来说,一个星期的登录文件数据就可以大到 700 MB~1 GB,所以务必要注意时刻修改 logrotate(日志文件管理工具),压缩登录文件。

(9)/usr/sbin/apachectl:这是 Apache 的主要执行文档(Shell Script),它可以主动地侦测系统上的一些设置值,让启动 Apache 时更简单。

(10)/usr/sbin/httpd:主要的 Apache 二进制执行文件。

(11)/usr/bin/htpasswd(Apache 密码保护):Apache 本身就提供一个最基本的密码保护方式,该密码的产生就是通过这个指令来达成的。

(12)/etc/my.cnf:MySQL 的配置文件,包括要进行 MySQL 数据库的优化,或者针对 MySQL 进行一些额外的参数指定,都可以在这个文档里达成。

(13)/var/lib/mysql/:MySQL 数据库文档放置的所在处。当启动任何 MySQL 的服务时,务必记得在备份时,这个目录也要完整备份下来。

(14)/etc/httpd/conf.d/php.conf:系统会主动将 PHP 设置参数写入这个文档中,而这个文档会在 Apache 重新启动时被读入。

(15)/etc/php.ini：PHP 的主要配置文件。

(16)/usr/lib64/httpd/modules/libphp5.so：PHP 软件提供给 Apache 使用的模块。

(17)/etc/php.d/mysql.ini，/usr/lib64/php/modules/mysql.so：PHP 支持 MySQL 接口文件。

(18)/usr/bin/phpize，/usr/include/php/：如果以后想要安装类似 PHP 加速器以让浏览速度加快，就要存在这个文档与目录，否则加速器软件无法编译成功。

（二）安装 Apache

Apache HTTP Server（简称 Apache）是 Apache 软件基金会的一个开放源代码的网页服务器，可以在大多数计算机操作系统中运行，由于其多平台和安全性被广泛使用，是最流行的 Web 服务器端软件之一。它快速、可靠并且可通过简单的 API 扩展，将 Perl/Python 等解释器编译到服务器中。在终端以 root 权限运行以下命令：

```
yum install httpd -y
#启动 Apache
systemctl start httpd
#设置开机启动
systemctl enable httpd firewall
#设置允许远程登录：
firewall-cmd --permanent --add-service=http
systemctl restart firewalld
```

测试 Apache 服务器访问 http://localhost/或者 http://server-ip-address/，如图 6-2-1 所示。

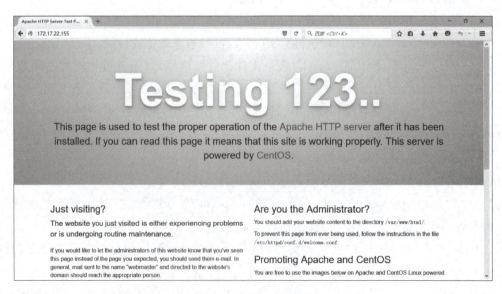

图 6-2-1　Apache 服务测试

（三）安装 MariaDB

MariaDB 数据库管理系统是 MySQL 的一个分支，主要由开源社区维护，采用 GPL 授权许可 MariaDB 的目的是完全兼容 MySQL，包括 API 和命令行，使其能轻松成为 MySQL 的代替品。MariaDB 由 MySQL 的创始人 Michael Widenius 主导开发，MariaDB 名称来自 Michael Widenius 的女儿 Maria 的名字。

安装 MariaDB：

```
yum install mariadb-server mariadb -y
```

启动 MariaDB：

```
systemctl start mariadb
```

设置开机启动：

```
systemctl enable mariadb
```

设置 root 密码：默认情况下，root 密码为空。为防止未授权访问，设置 root 密码。

```
mysql_secure_installation
```

（四）安装 PHP

PHP（Hypertext Preprocessor，超文本预处理器）是一种通用开源脚本语言，主要适用于 Web 开发领域。

安装 PHP：

```
yum install php php-mysql php-gd php-pear -y
```

测试 PHP：在 Apache 文档根目录创建 testphp.php。

```
vi /var/www/html/testphp.php
```

编辑内容如下：

```
<? php
    phpinfo();
? >
```

重启 httpd 服务：

```
systemctl restart httpd
```

安装所有 php modules：

```
yum install php* -y
```

（五）安装 phpMyAdmin

phpMyAdmin 是一个以 PHP 为基础，以 Web-Base 方式架构在网站主机上的 MySQL 的数据库管理工具，让管理者可用 Web 接口管理 MySQL 数据库。由于 phpMyAdmin 同其他 PHP 程序一样在网页服务器上运行，用户可以在任何地方使用这些程序产生 HTML 页面，也就是于远端管理 MySQL 数据库，可方便地建立、修改、删除数据库及数据表。也可通常

phpMyAdmin 建立常用的 php 语法，以方便编写网页。

添加 EPEL repository：参照（Install EPEL Repository on RHEL/CentOS/Scientific Linux 7）。

```
yum install epel-release
```

安装 phpMyAdmin：

```
yum install phpmyadmin -y
```

配置 phpMyAdmin。默认情况下，phpMyAdmin 只能由本机访问。为了能够远程访问，需要编辑 phpmyadmin.conf 文件。

```
vi /etc/httpd/conf.d/phpMyAdmin.conf
```

查找/<Directory>，注释掉或删除如下内容：

```
<Directory /usr/share/phpMyAdmin/>
   AddDefaultCharset UTF-8
   <IfModule mod_authz_core.c>
     # Apache 2.4
     <RequireAny>
       Require ip 127.0.0.1
       Require ip ::1
     </RequireAny>
   </IfModule>
   <IfModule ! mod_authz_core.c>
     # Apache 2.2
     Order Deny,Allow
     Deny from All
     Allow from 127.0.0.1
     Allow from ::1
   </IfModule>
</Directory>
<Directory /usr/share/phpMyAdmin/setup/>
   <IfModule mod_authz_core.c>
     # Apache 2.4
     <RequireAny>
       Require ip 127.0.0.1
       Require ip ::1
     </RequireAny>
   </IfModule>
   <IfModule ! mod_authz_core.c>
     # Apache 2.2
     Order Deny,Allow
     Deny from All
     Allow from 127.0.0.1
     Allow from ::1
   </IfModule>
</Directory>
```

添加以下内容：

```
<Directory /usr/share/phpMyAdmin/>
    Options none
    AllowOverride Limit
    Require all granted
</Directory>
```

编辑 config.inc.php 改变 phpMyAdmin 的 authentication，修改 cookie 为 http。

```
vi /etc/phpMyAdmin/config.inc.php
```

修改 cookie 为 http：

```
$ cfg['Servers'][$i]['auth_type'] = 'http'://Authentication method(config, http or cookie based)?
```

重启 the Apache service：

```
systemctl restart httpd
```

访问 phpmyadmin 的控制台：

打开 http://server-ip-address/phpmyadmin/网页（server-ip-address 是自己搭建环境后的 IP 地址），输入 MySQL 用户名和密码，将重定向到数据库 Web 管理页面 PhpMyAdmin，就可以通过 phpMyAdmin web 接口管理 MariaDB 数据库。

任务小结

学习完本任务，能够掌握 Apache 的概念、httpd 服务器基本配置、网站访问统计以及如何构建虚拟 Web 主机，同时，也可以对 LAMP 整个知识点有大致了解。Apache 是开源软件项目的杰出代表，基于标准的 HTTP 网络协议提供网页浏览服务，在 Web 服务器领域中长期保持着超过半数的份额。而 Apache 服务器可以运行在 Linux、UNIX、Windows 等多种操作系统平台中。httpd 服务可以架设 Web 站点的基本过程及完成常见配置。LAMP 指的 Linux(操作系统)、Apache HTTP 服务器、MySQL(有时也指 MariaDB 数据库软件)和 PHP(有时也指 Perl 或 Python)的第一个字母，安装三种工具，可以用来建立 Web 应用平台，实用性非常强。

※思考与练习

一、填空题

1. Apache 是_____服务器。

2. Apache 的配置指令可以分为两大类：一类是_____，通常由核心模块提供；另一类是由_____或第三方模块提供的指令。

3. Linux(操作系统)、Apache HTTP 服务器、MySQL(有时也指 MariaDB，数据库软件)和 PHP 组成了_____。

4. 作为一个功能强大、设计灵活的 Web 服务器，Apache 能够在多种平台的不同环境下工作，为了适合多种平台和环境的需要，Apache 使用_____设计来适应。

5. WWW 服务器在 Internet 上使用最为广泛，它采用的是_____结构。

二、判断题

1. LAMP 仅仅是一个运行环境集合，M 主要是 MySQL。 （ ）

2. Apache 快速、可靠并且可通过简单的 API 扩展，将 Perl/Python 等解释器编译到服务器中。 （ ）

3. 安装配置完毕 phpMyAdmin，默认只能由本机访问。 （ ）

4. systemctl restart httpd 是一个启动 Apache 的命令。 （ ）

5. CentOS 7 对应的是 LAMP 环境，Windows 对应的是 WAMP。 （ ）

三、选择题

1. 若 URL 地址为 http://www.nankai.edu/index.html，则（　　）代表主机名。
   A. nankai.edu.cn
   B. index.html
   C. www.nankai.edu/index.html
   D. www.nankai.edu

2. 网络管理员对 WWW 服务器可进行访问、控制存取和运行等控制，这些控制可在（　　）文件中体现。
   A. httpd.conf   B. lilo.conf
   C. inetd.conf   D. resolv.conf

3. WWW 服务器在 Internet 上使用最为广泛，它采用的是（　　）结构。
   A. 服务器/工作站   B. B/S
   C. 集中式   D. 分布式

4. httpd 服务的默认端口是（　　）。
   A. 80   B. 89
   C. 82   D. 81

5. MariaDB 数据库管理系统是 MySQL 的一个分支，主要由开源社区在维护，采用（　　）授权许可。
   A. GPL   B. MPL
   C. BSD   D. LGPL

四、简答题

1. Apache 的特点是什么？

2. Apache 的主要版本都有哪些？

3. 简述 Apache 2.x 系列版本。

4. 如何启动 httpd 服务？

5. 如何在客户机中访问 Web 站点？
6. httpd 服务的主配置文件是什么？
7. httpd 服务的默认端口是什么？
8. LAMP 的 A 指什么？
9. LAMP 的 M 指什么？
10. LAMP 的 P 指什么？

项目七

部署网络防火墙

任务　配置网络防火墙

任务描述

服务器上可能装有很多应用服务,本任务主要针对服务器上的应用服务程序、端口、进程通过防火墙技能实现 Linux 系统网络安全。掌握防火墙的使用技能。

任务目标

- 了解防火墙的功能。
- 掌握防火墙的部署。

部署 firewalld
网络防火墙

任务实施

本任务主要讲解 Linux 系统上安装的软件防火墙 firewalld。在了解防火墙概念的基础上,实现防火墙的安装、配置,实现对服务器网络防护。

一、了解防火墙

防火墙是指由软件和硬件设备组合而成、在内部网和外部网之间、专用网与公共网之间的界面上构造的保护屏障。它是一种计算机硬件和软件的结合,使 Internet 与 Intranet 之间建立起一个安全网关(security gateway),从而保护内部网免受非法用户的侵入。防火墙主要由服务访问规则、验证工具、包过滤和应用网关四部分组成,计算机流入、流出的所有网络通信和数据包均要经过防火墙。

在网络中,防火墙实际上是一种隔离技术。防火墙是在两个网络通信时执行的一种访问控制尺度,它能允许你"同意"的人和数据进入网络,同时将你"不同意"的人和数据拒之门外,最大限度地阻止网络中的黑客来访问网络。换句话说,如果不通过防火墙,公司内部的人就无法访问 Internet,Internet 上的人也无法和公司内部的人进行通信。

(一)防火墙作用

防火墙最大的作用就是帮助用户"限制某些服务的存取来源"。例如：

(1)可以限制文件传输服务(FTP)只在子域内的主机才能够使用，而不对整个 Internet 开放；

(2)可以限制整部 Linux 主机仅可以接受客户端的 WWW 要求，其他的服务都关闭；

(3)还可以限制整台主机仅能主动对外联机。反过来，若有客户端对主机发送主动联机的封包状态(TCP 封包的 SYN Flag)就予以抵挡，这些就是最主要的防火墙功能。

防火墙最重要的任务可以规划为：

(1)切割被信任(如子域)与不被信任(如 Internet)的网段。

(2)划分出可提供 Internet 的服务与必须受保护的服务。

(3)分析出可接受与不可接受的封包状态。

此外，Linux 的 iptables 防火墙软件还可以进行更深入的网络地址转换(network address translation,NAT)的设置，并进行更弹性的 IP 封包伪装功能。

(二)Linux 系统上防火墙的主要类别

依据防火墙管理的范围，可以将防火墙区分为网域型与单一主机型。在单一主机型的控管方面，主要的防火墙有封包过滤型的 Netfilter 与依据服务软件程序作为分析的 TCP Wrappers 两种。由于区域型的防火墙都是当作路由器角色，因此防火墙类型主要则有封包过滤的 Netfilter 与利用代理服务器(proxy server)进行存取代理的方式。

1. Netfilter(封包过滤机制)

所谓封包过滤，即分析进入主机的网络封包，对封包的表头数据进行分析，以决定该联机为放行或抵挡的机制。由于这种方式可以直接分析封包表头数据，所以包括硬件地址(MAC)、软件地址(IP)、TCP、UDP、ICMP 等封包的信息都可以进行过滤分析的功能，因此用途非常广泛。

在 Linux 上使用核心内建的 Netfilter 机制，而 Netfilter 提供了 iptables 软件作为防火墙封包过滤的指令。由于 Netfilter 是核心内建的功能，因此他的效率非常高，非常适合于一般小型环境的设置。Netfilter 利用一些封包过滤的规则设置，定义出什么数据可以接收，什么数据需要剔除，以达到保护主机的目的。

2. TCP Wrappers(程序控管)

另一种抵挡封包进入的方法是通过服务器程序的外挂(tcpd)来处置。与封包过滤不同的是，这种机制主要是分析谁对某程序进行存取，然后通过规则去分析该服务器程序谁能够联机、谁不能联机。由于主要是通过分析服务器程序来控管，因此与启动的端口无关，只与程序的名称有关。例如，知道 FTP 可以启动在非正规的端口 21 进行监听，当用户通过 Linux 内建的 TCP wrappers 限制 FTP 时，只要知道 FTP 的软件名称(vsftpd)，然后对其进行限制，则不管 FTP 启动在哪个端口，都会被该规则管理。

3. Proxy(代理服务器)

其实代理服务器是一种网络服务，它可以"代理"用户的需求，前往服务器取得相关的数据。

Proxy 的运行原理如图 7-1-1 所示。

图 7-1-1　Proxy 的运行原理

以图 7-1-1 为例,当 Client 端想要前往 Internet 取得 Baidu 的数据时,取得数据的流程如下:

(1)Client 会向 Proxy 要求数据,请 Proxy 帮忙处理。

(2)Proxy 可以分析用户的 IP 来源是否合法,想要去的 Baidu 服务器是否合法。如果这个 Client 的要求都合法,Proxy 就会主动地帮助 Client 前往 Baidu 取得数据。

(3)Baidu 所回传的数据是传给 Proxy 的,所以 Baidu 服务器上看到的是 Proxy 的 IP。

(4)Proxy 将 Baidu 回传的数据送给 Client。

另外,一般 Proxy 主机通常仅开放端口 80、21、20 等 WWW 与 FTP 的端口,而且通常 Proxy 就架设在路由器上,因此可以完整地掌控局域网络内的对外联机,让 LAN 变得更安全。

(三)防火墙的使用限制

防火墙主要 OSI 七层协议当中的二、三、四层。Linux 的 Netfilter 机制可以进行的分析工作主要有:

1. 拒绝让 Internet 的封包进入主机的某些端口

例如,端口 21 这个 FTP 相关端口,若只想开放给内部网络,当 Internet 来的封包想要进入端口 21 时,就可以将该数据封包丢掉,因此用户可以分析得到该封包表头的端口号码。

2. 拒绝让某些来源 IP 的封包进入

例如,已经发现某个 IP 主要来自攻击行为的主机,只要将来自该 IP 的数据封包丢弃,就可以达到基础的安全目的。

3. 拒绝让带有某些特殊标志的封包进入

最常拒绝的就是带有 SYN 的主动联机标志,只要一经发现,就可以将该封包丢弃。

4. 分析硬件地址(MAC)决定联机与否

当使用 IP 抵挡攻击者时,他会更换一个 IP,此时就需要死锁他的网卡硬件地址。只要分析到该用户使用的 MAC,就可以利用防火墙将该 MAC 锁住,除非他能够再换他的网络卡取得新的 MAC,否则换 IP 是没有用的。

虽然 Netfilter 防火墙能够很好地进行防护,不过,仍然有很多事情无法通过 Netfilter 来完成。防火墙虽然可以防止不受欢迎的封包进入网络中,但是某些情况下,它并不能保证网络一定就很安全。例如:

防火墙并不能很有效地抵挡病毒或木马程序:假设开放了 WWW 服务,那么 WWW 主机上,防火墙一定得要将 WWW 服务的端口开放给客户端登录才行,也就是说:只要进入主机的封包是 WWW 数据的,就可以通过防火墙。如果 WWW 服务器软件有漏洞,或者本身要求 WWW 服务的封包就是病毒在侦测你的系统时,防火墙也无法有效拦截。

5. 防火墙对于内部 LAN 的攻击较无承受力

LAN 里面的主机没有防火墙的设置,因为是自己的 LAN,通常设置为信任网域。不过,LAN 里面可能有网络破坏者,因为防火墙对于内部的规则设置通常比较少,所以就容易造成内部员工对于网络误用或滥用的情况,所以在 Linux 主机实地上网之前,还需要先关闭不安全的服务,升级可能有问题的套件,架设好最起码的安全保护 TCP Wrappers。

TCP Wrappers 是通过/etc/hosts.allow、/etc/hosts.deny 这两个文件来管理一个类似防火墙的机制,但并非所有的软件都可以通过这两个文件来控管,只有下面的软件才能够通过这两个文件来管理防火墙规则:

由 super daemon(xinetd)所管理的服务;经由 xinted 管理的服务,配置文件在/etc/xinted.d/中的服务就是 xinted 所管理的,通过 chkconfig xinetd on 查看 xinetd 下的服务有支持 libwrap.so 模块的服务,查看 rsyslogd、sshd、xinetd、httpd 这四个程序有无支持 TCP Wrappers 的功能。

支持 TCP Wrappers 的服务必定包含 libwrap 这个动态函数库,可以使用 ldd 来观察该服务。使用方式:

```
ldd $(which rsyslogd sshd xinetd httpd)
```

这种方式可以将所有的动态函数库取出来查阅:

```
for name in rsyslogd
sshd xinetd httpd;
do echo $ name;
ldd $ (which $name) | grep libwrap;
done
```

通过这种方式来处理更快更直观。上述结果中,在该文件名下出现 libwrap 的,代表找到该函数库,才支持 TCP wrappers,所以 sshd xinetd 支持,但是 rsyslogd、httpd 这两个程序则不支持。也就是说,rsyslogd 与 httpd 不能够使用/etc/hosts.{allow|deny}进行防火墙机制的控管设置方式。

如何通过这两个文件来抵挡有问题的 IP 来源?这两个文件的语法都一样:

```
service(program_name)              IP,domain,hostname
服务(即程序名称)                    IP 或域名或主机名
```

之前说过 Netfilter 的规则是有顺序的,那么这两个文件顺序优先规则如下:

(1)以/etc/hosts.allow 为优先比对,该规则符合就予以放行。

(2)以/etc/hosts.deny 比对,规则符合就予以抵挡。

(3)若不在这两个文件内,即规则都不符合,最终则予以放行。

二、部署 Linux 网络防火墙

firewalld 提供了支持网络/防火墙区域(zone)定义网络链接以及接口安全等级的动态防火墙管理工具。它支持 IPv4、IPv6 防火墙设置以及以太网桥接，并且拥有运行时配置和永久配置选项。它也支持允许服务或者应用程序直接添加防火墙规则的接口。以前的 system-config-firewall/lokkit 防火墙模型是静态的，每次修改都要求防火墙完全重启。这个过程包括内核 Netfilter 防火墙模块的卸载和新配置所需模块的装载等。

firewall daemon 动态管理防火墙，不需要重启整个防火墙便可应用更改，因而也就没有必要重载所有内核防火墙模块。不过，要使用 firewall daemon 就要求防火墙的所有变更都要通过该守护进程来实现，以确保守护进程中的状态和内核里的防火墙是一致的。另外，firewall daemon 无法解析由 iptables 和 ebtables 命令行工具添加的防火墙规则。

守护进程通过 D-BUS 提供当前激活的防火墙设置信息，也通过 D-BUS 接受使用 PolicyKit 认证方式做的更改。

(一) 守护进程

应用程序、守护进程和用户可以通过 D-BUS 请求启用一个防火墙特性。特性可以是预定义的防火墙功能，如服务、端口和协议的组合、端口/数据报转发、伪装、ICMP 拦截或自定义规则等。该功能可以在确定的一段时间内启用也可以再次停用。

(二) 静态防火墙 (system-config-firewall/lokkit)

使用 system-config-firewall/lokkit 的静态防火墙模型实际上仍然可用并将继续提供，但却不能与"守护进程"同时使用。用户或者管理员可以决定使用哪一种方案。

在软件安装、初次启动或者首次联网时，将会出现一个选择器。通过它可以选择要使用的防火墙方案。其他的解决方案将保持完整，可以通过更换模式启用。

firewall daemon 独立于 system-config-firewall，但二者不能同时使用。

使用 iptables 和 ip6tables 的静态防火墙规则：

如果想使用 iptables 和 ip6tables 静态防火墙，需要安装 iptables-services 并且禁用 firewalld，启用 iptables 和 ip6tables：

```
yum install iptables-services
systemctl mask firewalld.service
systemctl enable iptables.service
systemctl enable ip6tables.service
```

静态防火墙规则配置文件是/etc/sysconfig/iptables 及/etc/sysconfig/ip6tables。

注意：iptables 与 iptables-services 软件包不提供与服务配套使用的防火墙规则。这些服务是用来保障兼容性以及共享使用防火墙规则的人使用的。可以安装并使用 system-config-firewall 来创建上述服务需要的规则。为了能使用 system-config-firewall，必须停止 firewalld。

为服务创建规则并停用 firewalld 后，就可以启用 iptables 与 ip6tables 服务：

```
systemctl stop firewalld.service
systemctl start iptables.service
systemctl start ip6tables.service
```

(三) firewalld 相关概念

(1) 区域：网络区域定义了网络连接的可信等级。这是一个一对多的关系，意味着一次连接可以仅仅是一个区域的一部分，而一个区域可以用于很多连接。

(2) 预定义的服务：服务是端口和协议入口的组合。备选内容包括 Netfilter 助手模块以及 IPv4、IPv6 地址。

(3) 端口和协议：定义了 TCP 或 UDP 端口，端口可以是一个端口或者端口范围。

(4) ICMP 阻塞：可以选择 Internet 控制报文协议的报文。这些报文可以是信息请求，亦可是对信息请求或错误条件创建的响应。

(5) 伪装：私有网络地址可以被映射到公开的 IP 地址。这是一次正规的地址转换。

(6) 端口转发：端口可以映射到另一个端口或者其他主机。

(7) 可用区域：由 firewalld 提供的区域按照从不信任到信任的顺序排序。

(8) 丢弃：任何流入网络的包都被丢弃，不做出任何响应，只允许流出的网络连接。

(9) 阻塞：任何进入的网络连接都被拒绝，并返回 IPv4 的 icmp-host-prohibited 报文或者 IPv6 的 icmp6-adm-prohibited 报文。只允许由该系统初始化的网络连接。

(10) 公开：用于可以公开的部分。网络中其他的计算机不可信并且可能伤害你的计算机，只允许选中的连接接入。

(11) 外部：用在路由器等启用伪装的外部网络。网络中其他的计算机不可信并且可能伤害你的计算机，只允许选中的连接接入。

(12) 隔离区 (dmz)：允许隔离区中的计算机有限地被外界网络访问，只接受被选中的连接。

(13) 工作：用在工作网络。所信任网络中的大多数计算机不会影响你的计算机，只接受被选中的连接。

(14) 家庭：用在家庭网络。所信任网络中的大多数计算机不会影响你的计算机，只接受被选中的连接。

(15) 内部：用在内部网络。所信任网络中的大多数计算机不会影响你的计算机，只接受被选中的连接。

(16) 受信任的：允许所有网络连接。

(四) 应该选用哪个区域

例如，公共的 Wi-Fi 连接主要为不受信任的，家庭的有线网络应该是相当可信任的。根据所使用的网络最符合的区域进行选择。

1. 配置或者增加区域

用户可以使用任何一种 firewalld 配置工具来配置或者增加区域，以及修改配置。工具有 firewall-config 这样的图形界面工具、firewall-cmd 这样的命令行工具，以及 D-BUS 接口，也可以在配置文件目录中创建或者复制区域文件。@PREFIX@/lib/firewalld/zones 用于默认和备用配置，/etc/firewalld/zones 用于用户创建和自定义配置文件。

2．为网络连接设置或者修改区域

区域设置以"ZONE＝选项"存储在网络连接的 ifcfg 文件中。如果这个选项缺失或者为空，firewalld 将使用配置的默认区域。

如果这个连接受到 NetworkManager 控制，也可以使用 nm-connection-editor 修改区域。

3．由 NetworkManager 控制的网络连接

防火墙不能够通过 NetworkManager 显示的名称来配置网络连接，只能配置网络接口。因此，在网络连接之前 NetworkManager 将配置文件所述连接对应的网络接口告诉 firewalld。如果在配置文件中没有配置区域，接口将配置到 firewalld 的默认区域。如果网络连接使用了不止一个接口，所有的接口都会应用到 fiwewalld。接口名称的改变也将由 NetworkManager 控制并应用到 firewalld。

为了简化，网络连接将被用作与区域的关系。

如果一个接口断开，NetworkManager 也将告诉 firewalld 从区域中删除该接口。

当 firewalld 由 systemd 或者 init 脚本启动或者重启后，firewalld 将通知 NetworkManager 把网络连接增加到区域。

4．由脚本控制的网络

对于由网络脚本控制的连接有一条限制：没有守护进程通知 firewalld 将连接增加到区域。这项工作仅在 ifcfg-post 脚本进行。因此，此后对网络连接的重命名将不能被应用到 firewalld。同样，在连接活动时重启 firewalld 将导致与其失去关联。如果要修复此情况，最简单的方法是将全部未配置连接加入默认区域，区域定义了本区域中防火墙的特性。

（五）使用 firewalld

用户可以通过图形界面工具 firewall-config 或者命令行客户端 firewall-cmd 启用或者关闭防火墙特性。

1．使用 firewall-cmd

命令行工具 firewall-cmd 支持全部防火墙特性。对于状态和查询模式，命令只返回状态，没有其他输出。

2．一般应用

获取 firewalld 状态：

```
firewall-cmd --state
```

此举返回 firewalld 的状态，没有任何输出。可以使用以下方式获得状态输出：

```
firewall-cmd --state && echo "Running" || echo "Not running"
```

在 Fedora 19 中，状态输出比此前直观：

```
# rpm -qf $( which firewall-cmd )
firewalld-0.3.3-2.fc19.noarch# firewall-cmd -state
not running
```

在不改变状态的条件下重新加载防火墙:

```
firewall-cmd --reload
```

如果使用-complete-reload,状态信息将会丢失。这个选项仅用于处理防火墙问题时,例如,状态信息和防火墙规则都正常,但是不能建立任何连接的情况。

获取支持的区域列表:

```
firewall-cmd --get-zones
```

这条命令输出用空格分隔的列表。

获取所有支持的服务:

```
firewall-cmd --get-services
```

这条命令输出用空格分隔的列表。

获取所有支持的 ICMP 类型:

```
firewall-cmd --get-icmptypes
```

这条命令输出用空格分隔的列表。

列出全部启用的区域的特性:

```
firewall-cmd --list-all-zones
输出格式是:
<zone>
  interfaces: <interface1> ..
  services: <service1> ..
  ports: <port1> ..
  forward-ports: <forward port1> ..
  icmp-blocks: <icmp type1> ....
```

输出区域<zone>全部启用的特性。如果省略区域,将显示默认区域的信息。

```
firewall-cmd [--zone=<zone> ] --list-all
```

获取默认区域的网络设置:

```
firewall-cmd --get-default-zone
```

设置默认区域:

```
firewall-cmd --set-default-zone=<zone>
```

流入默认区域中配置的接口的新访问请求将被置入新的默认区域。当前活动的连接将不受影响。

获取活动的区域：

```
firewall-cmd --get-active-zones
# 这条命令将用以下格式输出每个区域所含接口：
<zone1>：<interface1> <interface2> ..<zone2>：<interface3> ..
```

根据接口获取区域：

```
firewall-cmd --get-zone-of-interface=<interface>
```

这条命令将输出接口所属的区域名称。

将接口增加到区域：

```
firewall-cmd [--zone=<zone>]--add-interface=<interface>
```

如果接口不属于区域，接口将被增加到区域。如果区域被省略，将使用默认区域。接口在重新加载后将重新应用。

修改接口所属区域：

```
firewall-cmd [--zone=<zone>]--change-interface=<interface>
```

这个选项与-add-interface 选项相似，但是当接口已经存在于另一个区域时，该接口将被添加到新的区域。

从区域中删除一个接口：

```
firewall-cmd [--zone=<zone>]--remove-interface=<interface>
```

查询区域中是否包含某接口：

```
firewall-cmd [--zone=<zone>]--query-interface=<interface>
```

返回接口是否存在于该区域，没有输出。

列举区域中启用的服务：

```
firewall-cmd [--zone=<zone>]--list-services
```

启用应急模式阻断所有网络连接，以防出现紧急状况。

```
firewall-cmd --panic-on
```

禁用应急模式：

```
firewall-cmd --panic-off
```

查询应急模式：

```
firewall-cmd --query-panic
```

此命令返回应急模式的状态，没有输出。可以使用以下方式获得状态输出：

```
firewall-cmd --query-panic && echo "On" || echo "Off"
```

3. 处理运行时区域

运行时模式下对区域进行的修改不是永久有效的。重新加载或者重启后修改将失效。

启用区域中的一种服务：

```
firewall-cmd [--zone=<zone>] --add-service=<service> [--timeout=<seconds>]
```

此举启用区域中的一种服务。如果未指定区域，将使用默认区域。如果设置了超时时间，服务将只启用特定秒数。如果服务已经活跃，将不会有任何警告信息。

例如，使区域中的 ipp-client 服务生效 60 秒：

```
firewall-cmd --zone=home --add-service= ipp-client --timeout=60
```

例如，启用默认区域中的 http 服务：

```
firewall-cmd --add-service=http
```

禁用区域中的某种服务：

```
firewall-cmd [--zone=<zone>] --remove-service=<service>
```

此举禁用区域中的某种服务。如果未指定区域，将使用默认区域。

例如，禁止 home 区域中的 http 服务：

```
firewall-cmd --zone=home --remove-service=http
```

区域中的服务将被禁用。如果服务没有启用，将不会有任何警告信息。

查询区域中是否启用了特定服务：

```
firewall-cmd [--zone=<zone>] --query-service=<service>
```

如果服务启用，将返回 1，否则返回 0。没有输出信息。

启用区域端口和协议组合：

```
firewall-cmd [--zone=<zone>] --add-port=<port>[-<port>]/<protocol> [--timeout=<seconds>]
```

此举将启用端口和协议的组合。端口可以一个单独的端口 <port> 或者一个端口范围 <port>-<port>。协议可以是 TCP 或 UDP。

禁用端口和协议组合：

```
firewall-cmd [--zone=<zone>] --remove-port=<port>[-<port>]/<protocol>
```

查询区域中是否启用了端口和协议组合：

```
firewall-cmd [--zone=<zone>] --query-port=<port>[-<port>]/<protocol>
```

如果启用，此命令将有返回值，没有输出信息。

启用区域中的 IP 伪装功能：

```
firewall-cmd [--zone=<zone>] --add-masquerade
```

此举启用区域的伪装功能。私有网络的地址将被隐藏并映射到一个公有 IP。这是地址转换的一种形式，常用于路由。由于内核的限制，伪装功能仅可用于 IPv4。

禁用区域中的 IP 伪装：

```
firewall-cmd [--zone=<zone>] --remove-masquerade
```

查询区域的伪装状态：

```
firewall-cmd [--zone=<zone>] --query-masquerade
```

如果启用，此命令将有返回值，没有输出信息。

启用区域的 ICMP 阻塞功能：

```
firewall-cmd [--zone=<zone>] --add-icmp-block=<icmptype>
```

此举将启用选中的 Internet 控制报文协议（ICMP）报文进行阻塞。ICMP 报文可以是请求信息或者创建的应答报文，以及错误应答。

禁止区域的 ICMP 阻塞功能：

```
firewall-cmd [--zone=<zone>] --remove-icmp-block=<icmptype>
```

查询区域的 ICMP 阻塞功能：

```
firewall-cmd [--zone=<zone>] --query-icmp-block=<icmptype>
```

如果启用，此命令将有返回值，没有输出信息。

例如，阻塞区域的响应应答报文：

```
firewall-cmd --zone=public --add-icmp-block=echo-reply
```

在区域中启用端口转发或映射：

```
firewall-cmd [--zone=<zone>] --add-forward-port=port=<port>[-<port>]:proto=<protocol>{:toport=<port>[-<port>]|:toaddr=<address>|:toport=<port>[-<port>]:toaddr=<address>}
```

端口可以映射到另一台主机的同一端口，也可以是同一主机或另一主机的不同端口。端口号可以是一个单独的端口<port>或者是端口范围<port>-<port>。协议可以为 TCP 或 UDP。目标端口可以是端口号<port>或者端口范围<port>-<port>。目标地址可以是 IPv4 地址。受内核限制，端口转发功能仅可用于 IPv4。

禁止区域的端口转发或者端口映射：

```
firewall-cmd [--zone=<zone>] --remove-forward-port=port=<port>[-<port>]:proto=<protocol>{:toport=<port>[-<port>]|:toaddr=<address>|:toport=<port>[-<port>]:toaddr=<address>}
```

查询区域的端口转发或者端口映射：

```
firewall-cmd [--zone=<zone>] --query-forward-port=port=<port>[-<port>]:proto=<protocol>{:toport=<port>[-<port>]|:toaddr=<address>|:toport=<port>[-<port>]:toaddr=<address>}
```

如果启用,此命令将有返回值,没有输出信息。

例如,将区域 home 的 ssh 转发到 127.0.0.2：

```
firewall-cmd --zone=home --add-forward-port=port=22:proto=tcp:toaddr=127.0.0.2
```

4. 处理永久区域

永久选项不直接影响运行时的状态。这些选项仅在重载或者重启服务时可用。为了使用运行时和永久设置,需要分别设置两者。选项-permanent 是需要永久设置的第一个参数。

获取永久选项所支持的服务：

```
firewall-cmd --permanent --get-services
```

获取永久选项所支持的 ICMP 类型列表：

```
firewall-cmd --permanent --get-icmptypes
```

获取支持的永久区域：

```
firewall-cmd --permanent --get-zones
```

启用区域中的服务：

```
firewall-cmd --permanent [--zone=<zone>] --add-service=<service>
```

此举将永久启用区域中的服务。如果未指定区域,将使用默认区域。

禁用区域中的一种服务：

```
firewall-cmd --permanent [--zone=<zone>] --remove-service=<service>
```

查询区域中的服务是否启用：

```
firewall-cmd --permanent [--zone=<zone>] --query-service=<service>
```

如果服务启用,此命令将有返回值。此命令没有输出信息。

例如,永久启用 home 区域中的 ipp-client 服务：

```
firewall-cmd --permanent --zone=home --add-service=ipp-client
```

永久启用区域中的一个端口-协议组合：

```
firewall-cmd --permanent [--zone=<zone>] --add-port=<port>[-<port>]/<protocol>
```

永久禁用区域中的一个端口-协议组合：

```
firewall-cmd --permanent [--zone=<zone>] --remove-port=<port>[-<port>]/<protocol>
```

查询区域中的端口-协议组合是否永久启用：

```
firewall-cmd --permanent [--zone=<zone>] --query-port=<port>[-<port>]/<protocol>
```

如果服务启用,此命令将有返回值。此命令没有输出信息。

例如,永久启用 home 区域中的 https(tcp 443)端口：

```
firewall-cmd --permanent --zone=home --add-port=443/tcp
```

永久启用区域中的伪装：

```
firewall-cmd --permanent [--zone=<zone>] --add-masquerade
```

此举启用区域的伪装功能。私有网络的地址将被隐藏并映射到一个公有 IP。这是地址转换的一种形式，常用于路由。由于内核的限制，伪装功能仅可用于 IPv4。

永久禁用区域中的伪装：

```
firewall-cmd --permanent [--zone=<zone>] --remove-masquerade
```

查询区域中伪装的永久状态：

```
firewall-cmd --permanent [--zone=<zone>] --query-masquerade
```

如果服务启用，此命令将有返回值。此命令没有输出信息。

永久启用区域中的 ICMP 阻塞：

```
firewall-cmd --permanent [--zone=<zone>] --add-icmp-block=<icmptype>
```

此举将启用选中的 Internet 控制报文协议（ICMP）报文进行阻塞。ICMP 报文可以是请求信息或者创建的应答报文或错误应答报文。

永久禁用区域中的 ICMP 阻塞：

```
firewall-cmd --permanent [--zone=<zone>] --remove-icmp-block=<icmptype>
```

查询区域中的 ICMP 永久状态：

```
firewall-cmd --permanent [--zone=<zone>] --query-icmp-block=<icmptype>
```

如果服务启用，此命令将有返回值。此命令没有输出信息。

例如，阻塞公共区域中的响应应答报文：

```
firewall-cmd --permanent --zone=public --add-icmp-block=echo-reply
```

在区域中永久启用端口转发或映射：

```
firewall-cmd --permanent [--zone=<zone>] --add-forward-port=port=<port>[-<port>]:proto
=<protocol>{:toport=<port>[-<port>] | :toaddr=<address> | :toport=<port>[-<port>]:toaddr=
<address>}
```

端口可以映射到另一台主机的同一端口，也可以是同一主机或另一主机的不同端口。端口号可以是一个单独的端口<port>或者端口范围<port>-<port>。协议可以为 TCP 或 UDP。目标端口可以是端口号<port>或者端口范围<port> -<port>。目标地址可以是 IPv4 地址。受内核限制，端口转发功能仅可用于 IPv4。

永久禁止区域的端口转发或者端口映射：

```
firewall-cmd --permanent [--zone=<zone>] --remove-forward-port=port=<port> [-<port> ]:proto
=<protocol>{:toport=<port> [-<port>] | :toaddr=<address> | :toport=<port> [-<port>]:
toaddr=<address>}
```

查询区域的端口转发或者端口映射状态：

```
firewall-cmd --permanent [--zone=<zone>] --query-forward-port=port=<port> [-<port>]:
proto=<protocol>{:toport=<port> [-<port>]|:toaddr=<address> |:toport=<port> [-<port>]:
toaddr=<address> }
```

如果启用服务，此命令将有返回值。此命令没有输出信息。

例如，将 home 区域的 ssh 服务转发到 127.0.0.2：

```
firewall-cmd --permanent --zone=home --add-forward-port=port=22:proto=tcp:toaddr=127.0.0.2
```

5. 直接选项

直接选项主要用于使服务和应用程序能够增加规则。规则不会被保存，在重新加载或者重启之后必须再次提交。传递的参数<args>与 iptables、ip6tables 及 ebtables 一致。

选项-direct 需要是直接选项的第一个参数。

将命令传递给防火墙。参数<args>可以是 iptables、ip6tables 及 ebtables 命令行参数。

```
firewall-cmd --direct --passthrough { ipv4 | ipv6 | eb } <args>
```

为表<table>增加一个新链<chain>。

```
firewall-cmd --direct --add-chain { ipv4 | ipv6 | eb } <table> <chain>
```

从表<table>中删除链<chain>。

```
firewall-cmd --direct --remove-chain { ipv4 | ipv6 | eb } <table> <chain>
```

查询<chain>链是否存在与表<table>。如果是，返回 0，否则返回 1。

```
firewall-cmd --direct --query-chain { ipv4 | ipv6 | eb } <table> <chain>
```

如果启用，此命令将有返回值。此命令没有输出信息。

获取用空格分隔的表<table>中链的列表。

```
firewall-cmd --direct --get-chains { ipv4 | ipv6 | eb } <table>
```

为表<table>增加一条参数为<args>的链<chain>，优先级设置为<priority>。

```
firewall-cmd --direct --add-rule { ipv4 | ipv6 | eb } <table> <chain> <priority> <args>
```

从表<table>中删除带参数<args>的链<chain>。

```
firewall-cmd --direct --remove-rule { ipv4 | ipv6 | eb } <table> <chain> <args>
```

查询带参数<args>的链<chain>是否存在表<table>中。如果是，返回 0，否则返回 1。

```
firewall-cmd --direct --query-rule { ipv4 | ipv6 | eb } <table> <chain> <args>
```

如果启用，此命令将有返回值。此命令没有输出信息。

获取表<table>中所有增加到链<chain>的规则，并用换行分隔。

```
firewall-cmd --direct --get-rules { ipv4 | ipv6 | eb } <table> <chain>
```

(六)当前的 firewalld 特性

1. D-BUS 接口

D-BUS 接口提供防火墙状态的信息,使防火墙的启用、停用或查询设置成为可能。

2. 区域

网络或者防火墙区域定义了连接的可信程度。firewalld 提供了几种预定义的区域。

3. 服务

服务可以是一系列本地端口、目的以及附加信息,也可以是服务启动时自动增加的防火墙助手模块。预定义服务的使用使启用和禁用对服务的访问变得更加简单。

4. ICMP 类型

Internet 控制报文协议(ICMP)被用以交换报文和网际协议(IP)的错误报文。在 firewalld 中可以使用 ICMP 类型来限制报文交换。

5. 直接接口

直接接口主要用于服务或者应用程序增加特定的防火墙规则。这些规则并非永久有效,并且在收到 firewalld 通过 D-BUS 传递的启动、重启、重载信号后需要重新应用。

6. 运行时配置

运行时配置并非永久有效,在重新加载时可以被恢复,而系统或者服务重启、停止时,这些选项将会丢失。

7. 永久配置

永久配置存储在配置文件中,每次机器重启或者服务重启、重新加载时将自动恢复。

8. 托盘小程序

托盘小程序 firewall-applet 为用户显示防火墙状态和存在的问题。它也可以用来配置用户允许修改的设置。

9. 图形化配置工具

firewall daemon 主要的配置工具是 firewall-config。它支持防火墙的所有特性(除了由服务/应用程序增加规则使用的直接接口)。管理员也可以用它来改变系统或用户策略。

10. 命令行客户端

firewall-cmd 是命令行下提供大部分图形工具配置特性的工具。

11. 对于 ebtables 的支持

要满足 libvirt daemon 的全部需求,在内核 Netfilter 级上防止 iptables 和 ebtables 间出现访问问题,需要 ebtables 的支持。由于这些命令是访问相同结构的,因而不能同时使用。

12. /usr/lib/firewalld 中的默认/备用配置

该目录包含了由 firewalld 提供的默认以及备用的 ICMP 类型、服务、区域配置。由 firewalld 软件包提供的这些文件不能被修改,即使修改也会随着 firewalld 软件包的更新被重置。其他的 ICMP 类型、服务、区域配置可以通过软件包或者创建文件的方式提供。

13. /etc/firewalld 中的系统配置设置

存储在此的系统或者用户配置文件可以是系统管理员通过配置接口定制的,也可以是手动定制的。这些文件将重载默认配置文件。

为了手动修改预定义的 ICMP 类型、区域或者服务,从默认配置目录将配置复制到相应的系统配置目录,然后根据需求进行修改。

如果加载了有默认和备用配置的区域,在/etc/firewalld 下的对应文件将被重命名为 <file>.old,然后启用备用配置。

(七)正在开发的特性

1. 富语言

富语言特性提供了一种不需要了解 iptables 语法的通过高级语言配置复杂 IPv4 和 IPv6 防火墙规则的机制。

Fedora 19 提供了带有 D-BUS 和命令行支持的富语言特性第二个里程碑版本。第三个里程碑版本也将提供对于图形界面 firewall-config 的支持。

对于此特性的更多信息,请参阅 firewalld Rich Language。

2. 锁定

锁定特性为 firewalld 增加了锁定本地应用或者服务配置的简单配置方式。它是一种轻量级的应用程序策略。

Fedora 19 提供了锁定特性的第二个里程碑版本,带有 D-BUS 和命令行支持。第三个里程碑版本提供图形界面 firewall-config 下的支持。

更多信息请参阅 firewalld Lockdown。

3. 永久直接规则

这项特性处于早期状态,它将能够提供保存直接规则和直接链的功能。通过规则不属于该特性。更多关于直接规则的信息请参阅 Direct options。

4. 从 iptables 和 ebtables 服务迁移

这项特性处于早期状态,它将尽可能提供由 iptables、ip6tables 和 ebtables 服务配置转换为永久直接规则的脚本。此特性在由 firewalld 提供的直接链集成方面可能存在局限性。

此特性将需要大量复杂防火墙配置的迁移测试。

(八)计划和提议功能

1. 防火墙抽象模型

在 iptables 和 ebtables 防火墙规则之上添加抽象层使添加规则更简单和直观。要使抽象层功能强大,但同时又不能复杂,并不是一项简单的任务。为此,不得不开发一种防火墙语言,使防火墙规则拥有固定的位置,可以查询端口的访问状态、访问策略等普通信息和一些其他可能的防火墙特性。

2. 对于 conntrack 的支持

要终止禁用特性已确立的连接需要 conntrack。不过,一些情况下终止连接可能是不好的,例如,为建立有限时间内的连续性外部连接而启用的防火墙服务。

3. 用户交互模型

这是防火墙中用户或者管理员可以启用的一种特殊模式。应用程序所有要更改防火墙的请求将定向给用户知晓，以便确认和否认。为一个连接的授权设置一个时间限制并限制其所连主机、网络是可行的。配置可以保存以便将来不需要通知便可应用相同行为。该模式的另一个特性是管理和应用程序发起的请求具有相同功能的预选服务和端口的外部链接尝试。服务和端口的限制也会限制发送给用户的请求数量。

4. 用户策略支持

管理员可以规定哪些用户可以使用用户交互模式和限制防火墙可用特性。

5. 端口元数据信息

拥有一个端口独立的元数据信息是很好的。当前对 /etc/services 的端口和协议静态分配模型不是个好的解决方案，也没有反映当前使用情况。应用程序或服务的端口是动态的，因而端口本身并不能描述使用情况。

元数据信息可以用来为防火墙制定简单的规则。下面是一些例子：

(1) 允许外部访问文件共享应用程序或服务。

(2) 允许外部访问音乐共享应用程序或服务。

(3) 允许外部访问全部共享应用程序或服务。

(4) 允许外部访问 torrent 文件共享应用程序或服务。

(5) 允许外部访问 http 网络服务。

这里的元数据信息不只有特定应用程序，还可以是一组使用情况。例如，组"全部共享"或者组"文件共享"可以对应于全部共享或文件共享程序（如 torrent 文件共享）。这些只是例子，因而，可能并没有实际用处。

这里是在防火墙中获取元数据信息的两种可能途径：

第一种是添加到 Netfilter（内核空间）。其优点是每个人都可以使用它，但也有一定使用限制。还要考虑用户或系统空间的具体信息，所有这些都需要在内核层面实现。

第二种是添加到 firewall daemon 中。这些抽象的规则可以和具体信息（如网络连接可信级、作为具体个人/主机要分享的用户描述、管理员禁止完全共享的规则等）一起使用。

第二种解决方案的优点是不需要为新的元数据组和纳入改变（可信级、用户偏好或管理员规则等）重新编译内核。这些抽象规则的添加使得 firewall daemon 更加自由。即使是新的安全级也不需要更新内核，可轻松添加。

6. sysctld

现在仍有 sysctl 设置没有正确应用。例如，在 rc.sysinit 运行时，提供设置的模块在启动时没有装载或者重新装载该模块时会发生问题。

另一个例子是 net.ipv4.ip_forward，防火墙设置、libvirt 和用户/管理员更改都需要它。如果有两个应用程序或守护进程只在需要时开启 ip_forward，之后可能其中一个在不知道的情况下关掉服务，而另一个正需要它，此时就不得不重启它。

sysctl daemon 可以通过设置使用内部计数来解决上面的问题。此时，当之前请求者不再需要时，就会再次回到之前的设置状态或者直接关闭它。

项目七 部署网络防火墙

(九)防火墙规则

Netfilter 防火墙总是容易受到规则顺序的影响,因为一条规则在链中没有固定的位置。在一条规则之前添加或者删除规则都会改变此规则的位置。在静态防火墙模型中,改变防火墙就是重建一个干净和完善的防火墙设置,且受限于 system-config-firewall/lokkit 直接支持的功能。

动态防火墙有附加的防火墙功能链。这些特殊的链按照已定义的顺序进行调用,因而向链中添加规则将不会干扰先前调用的拒绝和丢弃规则,从而利于创建更加合理完善的防火墙配置。

下面是一些由守护进程创建的规则,过滤列表中启用了在公共区域对 ssh、mdns 和 ipp-client 的支持:

```
* filter
:INPUT ACCEPT [0:0]:FORWARD ACCEPT [0:0]:OUTPUT ACCEPT [0:0]:FORWARD_ZONES - [0:0]:
FORWARD_direct - [0:0]:INPUT_ZONES - [0:0]:INPUT_direct - [0:0]:IN_ZONE_public - [0:0]:IN_
ZONE_public_allow - [0:0]:IN_ZONE_public_deny - [0:0]:OUTPUT_direct - [0:0]-A INPUT -m
conntrack --ctstate RELATED,ESTABLISHED -j ACCEPT
-A INPUT -i lo -j ACCEPT
-A INPUT -j INPUT_direct
-A INPUT -j INPUT_ZONES
-A INPUT -p icmp -j ACCEPT
-A INPUT -j REJECT --reject-with icmp-host-prohibited
-A FORWARD -m conntrack --ctstate RELATED,ESTABLISHED -j ACCEPT
-A FORWARD -i lo -j ACCEPT
-A FORWARD -j FORWARD_direct
-A FORWARD -j FORWARD_ZONES
-A FORWARD -p icmp -j ACCEPT
-A FORWARD -j REJECT --reject-with icmp-host-prohibited
-A OUTPUT -j OUTPUT_direct
-A IN_ZONE_public -j IN_ZONE_public_deny
-A IN_ZONE_public -j IN_ZONE_public_allow
-A IN_ZONE_public_allow -p tcp -m tcp --dport 22 -m conntrack --ctstate NEW -j ACCEPT
-A IN_ZONE_public_allow -d 224.0.0.251/32 -p udp -m udp --dport 5353 -m conntrack --ctstate
NEW -j ACCEPT
-A IN_ZONE_public_allow -p udp -m udp --dport 631 -m conntrack --ctstate NEW -j ACCEPT
```

使用 deny/allow 模型构建一个清晰行为(最好没有冲突规则),例如,ICMP 块将进入 IN_ZONE_public_deny 链,并将在 IN_ZONE_public_allow 链之前处理。

该模型使得在不干扰其他块的情况下向一个具体块添加或删除规则而变得更加容易。

任务小结

学习完本项目,可知防火墙最大的功能就是限制某些服务的存取来源,而来源的种类也非常多样化。因此,防火墙的定义规则也会多种多样。防火墙主要在分析 OSI 七层协议当中的二、三、四层,需要从原理上深度剖析如何利用其中的技术原理设计规则。以 Firewall 防火墙为例,讲解了它的守护进程、相关概念、应用、特性和规则,这些对于用户深入理解防火墙有很大帮助。

※ 思考与练习

一、填空题

1. 防火墙所定制的规则,是对_____产生限制的一种机制。
2. 基本上,依据防火墙管理的范围,可以将防火墙区分为_____型与_____型。
3. firewall daemon_____管理防火墙,不需要重启整个防火墙便可应用更改。
4. 若想使用 iptables,则需要禁用_____。
5. firewall daemon 无法解析由_____和_____命令行工具添加的防火墙规则。

二、判断题

1. 防火墙主要是用来防病毒的。( )
2. 要使用 system-config-firewall,必须停止 firewalld。( )
3. 防火墙主要由服务访问规则、验证工具、包过滤和应用网关四部分组成。( )
4. 用户交互模型是防火墙中用户或者管理员可以启用一种特殊模式。( )
5. 管理员可以规定哪些用户可以使用用户交互模式和限制防火墙可用特性。( )

三、选择题

1. 防火墙是( )。
   A. 审计内外网间数据的硬件设备　　B. 审计内外网间数据的软件设备
   C. 审计内外网间数据的策略　　　　D. 以上都是
2. 不属于防火墙主要作用的是( )。
   A. 抵抗外部攻击　　　　　　　　　B. 保护内部网络
   C. 防止恶意访问　　　　　　　　　D. 限制网络服务
3. 以下不属于防火墙的优点的是( )。
   A. 防止非授权用户进入内部网络　　B. 可以限制网络服务
   C. 方便监视网络的安全性并报警　　D. 利用 NAT 技术缓解地址空间的短缺
4. 以下说法正确的是( )。
   A. 防火墙能防范新的网络安全问题
   B. 防火墙能防范数据驱动行攻击
   C. 防火墙不能完全阻止病毒的传播
   D. 防火墙不能防止来自内部网的攻击
5. 防火墙的体系结构不包括以下的( )。
   A. 双宿/多宿主机防火墙　　　　　 B. 堡垒主机防火墙
   C. 屏蔽主机防火墙　　　　　　　　D. 屏蔽子网防火墙

四、简答题

1. 什么是防火墙?
2. 简述防火墙的功能。
3. 防火墙的主要类别。
4. 在单一主机型的控管方面,主要的防火墙有哪些?
5. 什么是封包过滤?
6. 静态防火墙规则配置文件有哪些?
7. 简述命令行工具 firewall-cmd 的特性。
8. 如何获取 firewalld 状态?
9. 如何获取 firewalld 所有支持的 ICMP 类型?
10. 如何获取 firewalld 所有支持的服务?

附录 A 缩略语

缩　写	英 文 全 称	中 文 全 称
CS	certificate services	Active Directory 证书服务
ADSL	asymmetric digital subscriber line	非对称数字用户线路
AH	authentication header	报文验证头协议
CA	certification authority	证书授权中心
CRL	certificate revocation list	证书废止列表
DACL	discretionary access control list	自主访问控制列表
DC	domain controller	域控制器
DHCP	dynamic host configuration protocol	动态主机设置协议
DNS	domain name system	域名系统
DPI	dots per inch	每一英寸显示的点数
EFS	encrypting file system	加密文件系统
ESP	encapsulated security payload	报文安全封装协议
FAT	file allocation table	文件分配表
FQDN	fully qualified domain name	完全限定的域名
FTP	file transfer protocol server	文件传输协议
GC	global catalog	全局编录
GPL	general public license	共用许可证
HTTP	hypertext transfer protocol	超文本传输协议
HTTPS	hyper text transfer protocol over secure socket layer	HTTP 的安全版
ICANN	The Internet Corporation for Assigned Names and Numbers	因特网名字与数字地址分配机构
IIS	internet information services	因特网信息服务
ISP	internet service provider	Internet 服务提供商
L2F	layer 2 forwarding	第二层转发
L2TP	layer 2 tunneling protocol	第二层隧道协议
NAT	network address translation	网络地址转换
NOS	network operation system	网络操作系统

218

续表

缩　　写	英　文　全　称	中　文　全　称
NSP	network services provider	网络服务提供商
NTFS	new technology file system	新技术文件系统
OU	organization unit	组织单位
PAT	port address translation	端口地址转换
PKI	public key infrastructure	公钥基础设施
PPP	point to point protocol	点对点协议
PPTP	point to point tunneling protocol	点到点隧道协议
SACL	system access control list	系统访问控制列表
SAM	security account manager	安全账号管理器
SID	security identifiers	安全标识符
SNI	server name indication	服务器名称指示
SOA	start of authority	授权开始
SSL	secure sockets layer	安全套接层
TCP	transmission control protocol	传输控制协议
TFTP	trivial file transfer protocol	简单文件传输协议
UDP	user datagram protocol	用户数据报协议
VPN	virtual private network	虚拟专用网
WWW	world wide web	万维网

附录 B

思考与练习答案

项目一

一、填空题

1. 硬件
2. 1994 年
3. 文件
4. 软链接
5. free

二、判断题

1. √ 2. √ 3. √ 4. √ 5. √

三、选择题

1. C 2. B 3. B 4. D 5. B

四、简答题

1. 答：Linux 内核主要由五个子系统组成，包括进程调度、内存管理、虚拟文件系统、网络接口、进程间通信。

2. 答：功能强大、运行稳定、安全可靠、安装容易。

3. 答：Linux 应用场景广泛，主要有企业、个人、嵌入式等应用方向。

4. 答：进程调度（SCHED），控制进程对 CPU 的访问。当需要选择下一个进程运行时由调度程序选择最值得运行的进程；内存管理（MM），允许多个进程安全地共享主内存区域；虚拟文件系统（VFS），隐藏了各种硬件的具体细节，为所有的设备提供了统一的接口，提供了多达数十种不同的文件系统；网络接口（NET），提供了对各种网络标准的存取和各种网络硬件的支持；进程间通信（IPC），支持进程间各种通信机制。

5. 答：下载操作系统的镜像 ISO 文件；下载虚拟机并安装；通过 ISO 文件安装操作系统；执行相关配置。

6. 答：Vi 的工作模式有命令模式、输入模式、末行模式三种。

7. 答：vim 是从 vi 发展而来的一个文本编辑器。代码补充、编译及错误跳转等方便编程的功能特别丰富,在程序员中被广泛使用。它和 Emacs 并列成为类 UNIX 系统用户最喜欢的编辑器,可以说 vim 是 vi 的升级版。

8. 答:Linux 对每一类用户都有三种基本的权限,即读、写、执行。

9. 答:所谓 ACL 就是访问控制列表(Access Control List),为了与其他的 ACL 相区别,有时也称为文件访问控制列表(FACL)。一个文件/目录的访问控制列表,可以针对任意指定的用户/组分配 rwx 权限。

10. 答:可以使用 getfacl 命令查看文件或目录的 ACL 设置。

项目二

一、填空题

1. quota
2. 高速缓存和单盘容量
3. ext3
4. ISO 9660
5. 交换分区、根分区

二、判断题

1. √ 2. √ 3. √ 4. × 5. √

三、简答题

1. 答:pvcreate、pvscan、pvdisplay、pvremove。

2. 答:lvcreate、lvscan、lvdisplay、lvextend、lvreduce、lvremove。

3. 答:硬盘的接口方式主要有 PATA(俗称 IDE)接口、SATA 接口、SCSI 接口、SAS 接口和 FC-AL 接口。PC 多采用 PATA 接口和 SATA 接口;服务器多采用 SCSI 接口、SAS 接口和 FC-AL 接口。

4. 答:快照就是将当时的系统信息记录下来,就好像照相记录一样。未来若有任何数据改动了,则原始数据会被搬移到快照区,没有被改动的区域则由快照区与文件系统共享。

5. 答:动态磁盘可以将多个物理磁盘组合成一个大的卷集,基本磁盘只能在一个物理磁盘上创建。

6. 答:限制用户使用服务器的磁盘存储容量,避免磁盘可用容量枯竭。

7. 答:vgcreate、vgscan、vgdisplay、vgextend、vgreduce、vgchange、vgremove。

8. 答:PV 指物理卷。

9. 答:PE 指实体范围区块。

10. 答:VG 指卷组。

项目三

一、填空题

1. 以太网接口

2. 交互进程、批处理进程、守护进程

3. GNU

4. 加密软件

5. 函数名称

二、判断题

1. √ 2. × 3. √ 4. √ 5. √

三、选择题

1. C 2. B 3. D 4. B 5. D

四、简答题

1. 答：Linux 支持各种协议（如 TCP/IP、NetBIOS/NetBEUI、IPX/SPX、AppleTake 等）类型的网络。

2. 答：支持 Ethernet、Token Ring、ATM、PPP(PPPoE)、FDDI、Frame Relay 等底层网络协议。

3. 答：所有的网络接口配置文件均存放在 /etc/sysconfig/network-scripts 目录下。

4. 答：转递网络封包。

5. 答：PRM 是一个开放的软件包管理系统，最初的全称是 Red Hat Package Manager。它工作于 Red Hat Linux 以及其他 Linux 系统，是公认的 Linux 软件包管理标准。

6. 答：RPM 具有如下五大功能：安装、卸载、升级、查询、验证。

7. 答：在 Linux 中，可使用 ps 命令对进程进行查看。

8. 答：在 Linux 中，可使用 kill 命令杀死进程。

9. 答：(1)sudo 设计的宗旨是给用户尽可能少的权限，但能保证其完成他们的工作。

(2)sudo 是设置了 SUID 位的执行文件。

(3)sudo 能够限制指定用户在指定主机运行某些命令。

(4)sudo 可以提供日志(/var/log/secure)，忠实地记录每个用户使用 sudo 做了些什么，并且能将日志传到中心主机或者日志服务器。

(5)sudo 为系统管理员提供配置文件，允许系统管理员集中地管理用户的使用权限和使用的主机，其默认的存放位置是 /etc/sudoers。

10. 答：Shell 除了是命令解释器之外还是一种编程语言，用 Shell 编写的程序类似于 DOS 下的批处理程序。用户可以在文件中存放一系列命令，通常将 Shell 编写的程序称为 Shell 脚本或 Shell 程序。

项目四

一、填空题

1. DHCP

2. MAC

3. /etc/dhcp/dhcpd.conf

4. IP 地址

5. BIND

二、判断题

1. √ 2. × 3. √ 4. √ 5. √

三、选择题

1. B 2. B 3. C 4. D 5. C

四、简答题

1. 答：DHCP(dynamic host configuration protocol)即动态主机配置协议，通常被应用在大型的局域网络环境中。

2. 答：自动分配、动态分配、手工分配。

3. 答：具有相当多行动配置的场合；区域内计算机数量相当多时。

4. 答：如果计算机数不多，还是使用手动的方式来设置；在网域内的计算机，有很多机器其实是作为主机的用途，很少用户需求，就没有必要架设 DHCP；更极端的情况，像一般家里，最多只有 3~4 台计算机，架设 DHCP 并没有多大的效益；当管理的网域中，大多网卡都属于老旧的型号，并不支持 DHCP 的协议时；很多用户的信息化水平都很高，也没有需要架设 DHCP。

5. 答：实现安全可靠的 IP 地址分配；减轻配置管理负担；便于对经常变动的网络计算机进行 TCP/IP 配置；有助于解决 IP 地址不够用的问题。

6. 答：客户端查找网络中的 DHCP 服务器，服务器端收到探测信息之后，将 IP 地址广播给客户端，客户端收到 IP 地址之后广播给服务器，申请分配 IP 地址，服务器广播给客户端确认信息。

7. 自动分配，动态分配，手工分配。

8. DHCP 协议采用客户端/服务器模型，客户端利用广播封包发送搜索 DHCP 服务器相关信息和 DHCP 服务器建立起连接，DHCP 服务器未使用的地址分配给客户端。

9. 完整主机名：fully qualified domain name(FQDN)，就是由"主机名与域名(hostname and domain name)"组成的完整主机名。

10. DNS 指一般顶层域名(generic TLDs，gTLD)，如 .com、.org、.gov 等。

项目五

一、填空题

1. 123

2. 软时钟、硬时钟

3. systemctl start ntpd。

4. BIOS 或 CMOS

5. 主从

二、判断题

1. √ 2. √ 3. √ 4. √ 5. ×

三、选择题

1. C 2. A 3. B 4. D 5. A

四、简答题

1. 答：NTP 通信协议包括软时钟 NTP 协议和硬时钟 BIOS 硬件计时实现时间同步。

2. 答：因为地球是圆的，所以同一个时刻，在地球的一边是白天，一边是黑夜。因为人类使用一天 24 小时的制度，所以，在地球对角的两边就应该相差 12 个小时。由于同一个时间点上，整个地球表面的时间应该都不一样，为了解决这个问题，地球就被分成 24 个时区。

3. 答：NTP(network time protocol)是指网络时间协议。

4. 答：软件时钟是指由 Linux 操作系统根据 1970/01/01 开始计算的总秒数。

5. 答：硬件时钟指主机硬件系统上的时钟，如 BIOS 记录的时间。

6. 答：GMT(greenwich mean time)指格林尼治标准时间。

7. 答：UTC(coordinated universal time)指协和标准时间。

8. 答：在计算时间时，最准确的计算应该是使用"原子振荡周期"所计算的物理时钟(Atomic Clock，也称原子钟)，被定义为标准时间。

9. 答：DTSS(digital time synchronization protocol)指数字时间同步服务。

10. 答：server［IP or hostname］［prefer］。在 Server 后端可以接 IP 或主机名，perfer 表示"优先使用"的服务器。

项目六

一、填空题

1. Web
2. 核心指令、标准模块
3. LAMP
4. 模块化
5. B/S

二、判断题

1. √ 2. √ 3. √ 4. √ 5. √

三、选择题

1. D 2. A 3. B 4. A 5. A

四、简答题

1. 答：开放源代码、跨平台应用、支持各种网页编程语言、模块化设计、运行非常稳定、具有良好的安全性。

2. 答：Apache 服务器目前包括 1.x 和 2.x 两个版本。

3. 答：2.x 系列中，目前的稳定版是 2.4.52。从 2.0 版开始，加入了许多新功能，使用的配置语法和管理风格也有所改变。对于新构建的网站服务器，使用 2.x 版本是一个不错的选择。

4. 答：使用脚本文件/usr/local/httpd/bin/apachectl 或者/etc/init.d/httpd，分别通过

start、stop、restart 选项进行控制,可用来启动、终止、重启 httpd 服务。

5. 答:在客户机的网页浏览器中,通过域名或 IP 地址访问 httpd 服务器,将可以看到 Web 站点的页面内容。

6. 答:httpd.conf。

7. 答:80。

8. 答:Apache。

9. 答:MySQL。

10. 答:PHP。

项目七

一、填空题

1. 数据封包

2. 网域、单一主机

3. 动态

4. firewalld

5. iptables、ebtables

二、判断题

1. × 2. √ 3. √ 4. √ 5. √

三、选择题

1. D 2. D 3. B 4. C 5. B

四、简答题

1. 答:防火墙是指一个由软件和硬件设备组合而成、在内部网和外部网之间、专用网与公共网之间的界面上构造的保护屏障。

2. 答:防火墙最大的功能就是帮助用户"限制某些服务的存取来源"。

3. 答:依据防火墙管理的范围,可以将防火墙区分为网域型与单一主机型。

4. 答:有封包过滤型的 Netfilter 与依据服务软件程序作为分析的 TCP Wrappers 两种。

5. 答:封包过滤是指分析进入主机的网络封包,对封包的表头数据进行分析,以决定该联机为放行或抵挡的机制。

6. 答:静态防火墙规则配置文件包括/etc/sysconfig/iptables 和/etc/sysconfig/ip6tables。

7. 答:命令行工具 firewall-cmd 支持全部防火墙特性。对于状态和查询模式,命令只返回状态,没有其他输出。

8. 答:使用 firewall-cmd --state 命令。

9. 答:使用 firewall-cmd --get-icmptypes 命令。

10. 答:使用 firewall-cmd --get-services 命令。

参考文献

[1] 鸟哥. 鸟哥的 Linux 私房菜:服务器架设篇[M]. 3 版. 北京:机械工业出版社,2012.
[2] 杨云,魏尧,王雪蓉. 网络服务器搭建、配置与管理:Linux 版(微课版)[M]. 4 版. 北京:人民邮电出版社,2022.